南海金融城综合体设计创新与实践

广州地铁设计研究院股份有限公司

农兴中 何 坚 梁伟光 主编

中国建筑工业出版社

图书在版编目（CIP）数据

南海金融城综合体设计创新与实践 / 农兴中，何坚，
梁伟光主编 . —北京：中国建筑工业出版社，2020.1
ISBN 978-7-112-24825-4

Ⅰ . ①南… Ⅱ . ①农… ②何… ③梁… Ⅲ . ①居
住区—综合体—建筑设计—研究—广州 Ⅳ . ① TU984.12

中国版本图书馆 CIP 数据核字（2020）第 022562 号

责任编辑：曾 威
责任校对：王 瑞
图片摄影：苏州市金日摄影广告有限公司
　　　　　深圳市绿风摄影设计有限公司

南海金融城综合体设计创新与实践
广州地铁设计研究院股份有限公司
农兴中　何 坚　梁伟光　　主 编
*
中国建筑工业出版社出版、发行（北京海淀三里河路9号）
各地新华书店、建筑书店经销
北京点击世代文化传媒有限公司制版
北京富诚彩色印刷有限公司印刷
*
开本：787×1092 毫米　1/12　印张：12⅓　字数：227 千字
2020 年 6 月第一版　2020 年 6 月第一次印刷
定价：**220.00** 元
ISBN 978-7-112-24825-4
　　　　（35360）

《南海金融城综合体设计创新与实践》
编审委员会

主编单位：广州地铁设计研究院股份有限公司

主　　编：农兴中　何　坚　梁伟光

副 主 编：翁德耀　王　建　林　珊　雷振宇　伍永胜

主　　审：史海欧　徐明杰　王迪军　罗文静

编　　写：潘城志　郭昶诗　张远东　刘丽萍　颜　惠

　　　　　　梅沈斌　谌小莉　罗景年　黄昱华　孔翠婷

　　　　　　刘东铭　李颖平　苏文华　王红燕　李凤麟

　　　　　　黄凤至　陈玮佐　洪志勇　李　平

佛山与广州地缘相连、历史相承、文化同源，同处在中国最具经济实力和发展活力之一的珠江三角洲中部，共同构建"广佛经济圈"。得天独厚的地缘优势，能充分接受广州的辐射和带动，与广州共享基础设施、交通网络、金融资本、人才教育、科技信息和市场服务等资源，实现联系紧密、产业联动和功能互补。

南海金融高新区作为广佛都市圈的融合区，同时也是粤港澳大湾区超大城市群的重要组成部分，结合规划产业布局定位，力争成为粤港澳大湾区产业布局的重要组成部分和金融业发展的重要战略平台。

南海金融城位于金融高新区核心区内，是国内首个"地铁、公交 + 上盖物业"超大型城市综合体；国内首例在地铁车站及区间正上方竖向叠合、同步建设，实现多种交通模式、商业及生活等多功能设施无缝衔接的城市综合体，总建筑面积约 36 万 m²。其设计创新地运用核心筒上跨地铁隧道隔振降噪技术、多业态综合体协同等技术，综合应用成果达国际领先水平，引领大型城市综合体科技进步，并先后获得广州市、广东省优秀工程勘察设计一等奖及全国优秀工程勘察设计二等奖等奖项。

南海金融城为金融高新区的先行启动项目，从 2009 年开始建设，满足广佛地铁 2010 年开通目标，于 2015 年全面投入运营使用，它的建成是推动区域经济发展和城市现代化的新引擎。

为了记录南海金融城设计创新实践成果，展示建筑风貌，认真总结经验和教训，我们编写了此书，旨在技术积累与提高。我们将坚持以创新理念认真做好每个项目，为推动"轨道 + 物业"综合体技术进步和可持续发展做出贡献。

北向实景

西北向实景

东北向实景

概况

南海金融城

总用地面积：45131m²
总建筑面积：355961m²
建筑总高度：170m
建筑容积率：6.0

南海金融城位于广东省佛山市南海区桂城A30街区（伍胜河北侧），所处地块三面临路，北侧为城市快速路海八路，是广州进入佛山中心组团的重要通道之一；西侧为城市主干道桂澜路，是南海的主要休闲商业带，通向南海中心地区；佛山一环在项目的东侧经过，是串联佛山重要发展区域的快速路。

作为广佛地铁的市内公交换乘型枢纽，拥有优越的交通区位和功能定位，对于南海区中轴线的发展具有举足轻重的作用。它是南海金融高新区第一个启动建设的综合体，具有全区域的示范性作用。

南海金融城主要功能包括物业开发以及交通枢纽两大功能模块。物业功能包括商业裙楼、办公写字楼塔楼以及酒店、住宅等，交通枢纽功能包括广佛线金融高新区站、配套的公交换乘枢纽以及相应的社会停车功能需求。

西北向鸟瞰

西北向实景

项目定位

享有广东四小虎之称的佛山市南海区，是广佛同城排头兵，得天独厚的地缘优势，充分接受广州的辐射和带动。新兴产业在发展中巩固壮大，广佛千灯湖CBD、金融高新区这一新兴产业形态，为产业与城市的发展注入了新的活力。

南海金融城位于连接广佛中轴线走廊的核心门户，独拥金融高新区未来的商务氛围和环境优美的千灯湖区，毗邻集滨水绿化景观、广场商业为一体的佛山城市客厅——金融广场。项目定位为：广佛轨道交通干线城市枢纽综合体。

整合地铁车站+上盖物业的功能，是城市空间布局的创新模式，能够优化城市土地及空间资源配置，进一步完善城市功能。通过多种功能的组合、功能协同，能创造极高的社会价值，是推动经济发展和城市现代化的新引擎。

按照金融高新区控规要求，物业开发要解决好与城市交通枢纽的关系，营造连续的城市界面，体现建筑物在金融中心区的地标特性。尊重南海金融高新区的设计逻辑和理念。作为广佛线从广州进入佛山的第一站，东西城市主干道的重要交通节点，建筑裙楼主立面设计与建筑塔楼形体相辅相成，紧紧相扣，象征广州与佛山不但在交通设施上，更在经济文化等各方面逐渐实现和谐一体，体现"广佛同城化"的建设总目标。

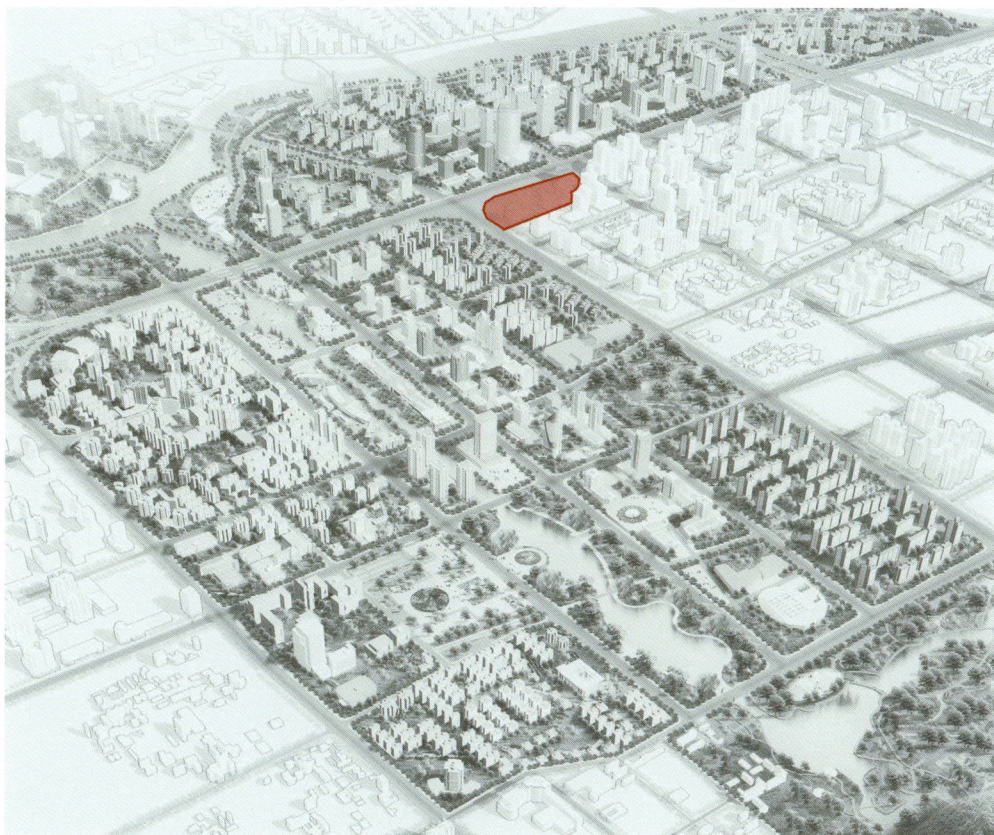

区位图

东北向实景

多功能城市综合体

南海金融城是集商业、办公、酒店、住宅、地铁车站、公交站场等功能于一体的综合体。

统筹地上、地下空间，在有限空间内高效整合交通设施及综合体各种复合功能，合理布局商业、住宅、办公、酒店等功能，组织交通流线，使综合体各部分形成有机整体。依托轨道交通无缝衔接地铁、公交以及商业、住宅等，实现"轨道 + 物业"多业态城市综合体复合开发。

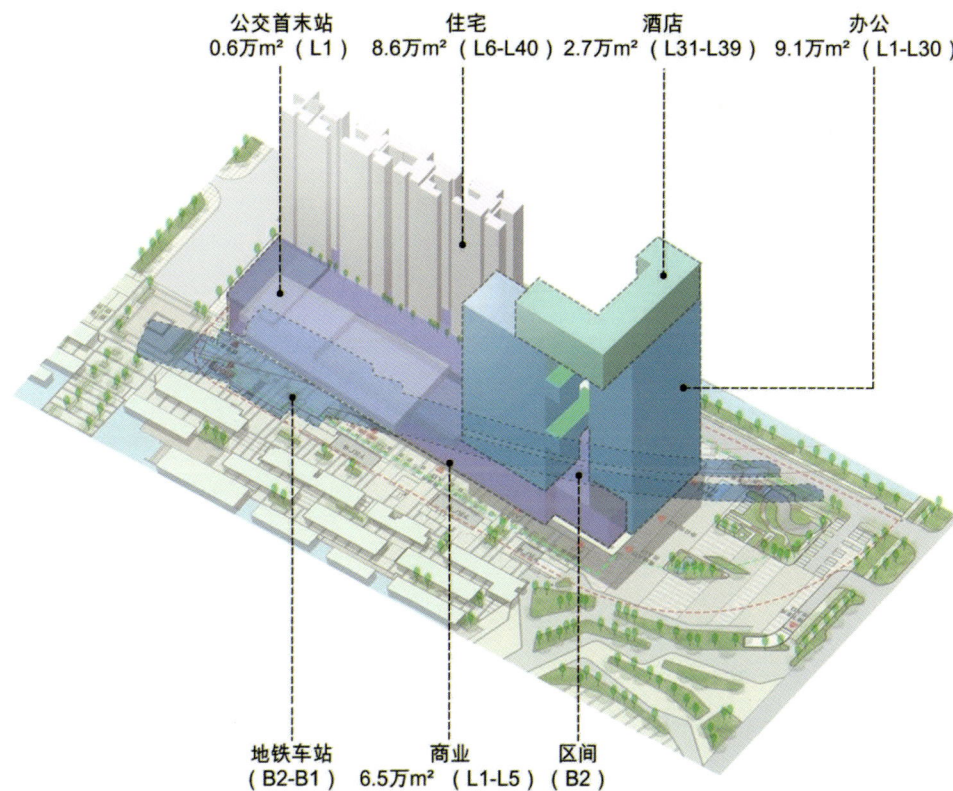

公交首末站　　　　　住宅　　　　　　　　酒店　　　　　　　办公
0.6万㎡（L1）　8.6万㎡（L6-L40）　2.7万㎡（L31-L39）　9.1万㎡（L1-L30）

地铁车站　　　商业　　　　　　区间
（B2-B1）　6.5万㎡（L1-L5）　（B2）

功能组合示意图

20

西北向低点实景

广佛同城门户标志性建筑

　　建筑外观形体由两栋写字楼和飞架其上的酒店塔楼构成一扇城市大门，象征着开门迎客。设计通过推移、旋转、置换、拉伸、扣接，最终形成了办公、酒店、商场和住宅各具特色又相互呼应的完整统一的体量格局，诠释现代标志性建筑。33 ~ 39 层结构悬挑达 40m，打造独一无二的空中悬浮酒店，更加突出建筑的标志性。

住宅

商业 / 办公

公交站场

地铁站

站城一体化

地铁＋上盖综合体完整体系

广佛地铁金融高新区站及区间隧道，Ⅰ、Ⅲ象限曲线斜向穿越地块，负一层布置站厅层，负二层为站台层及区间隧道。办公楼西塔核心筒坐落区间隧道结构上方，设计进行框支结构转换，使上盖建筑结构与地铁车站区间结构协调、融合，形成"轨道交通＋上盖物业"综合体的完整结构体系。

无缝衔接

上盖物业与地铁车站有机结合成整体，遵循"轨道站 – 交通核 – 慢行系统"路径，实现地铁、公交、商业设施的无缝衔接。

实现"找到地铁即找到家"

住宅与地铁车站毗邻，通过五层架空层至负一层的电梯，住客直达负一层地铁车站站厅层及停车场。

枢纽综合体流线示意图

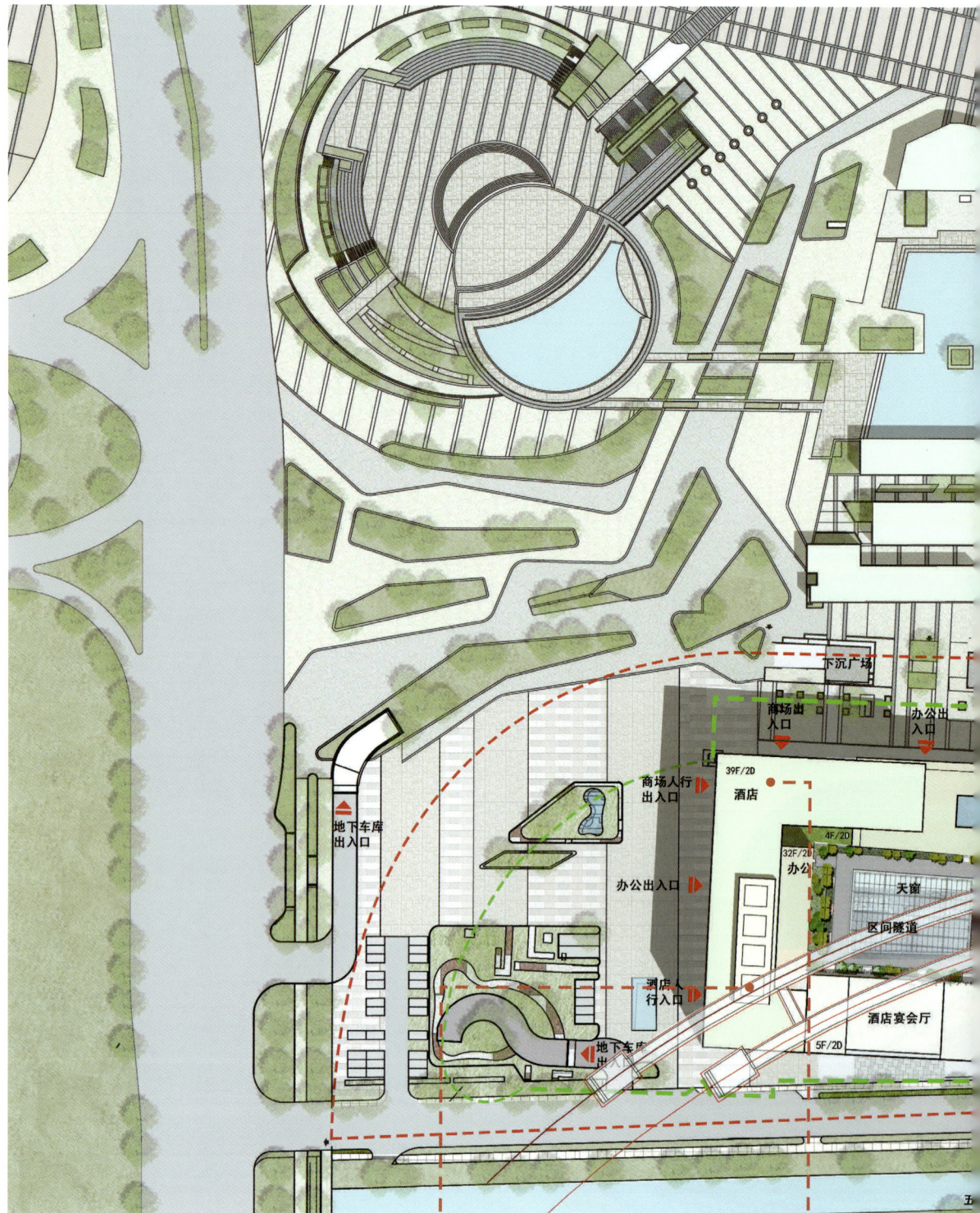

下沉广场

商场出入口

办公出入口

39F/2D

酒店

商场人行出入口

4F/2D

地下车库出入口

32F/2D

办公

天窗

区间隧道

办公出入口

酒店人行入口

地下车库出口

酒店宴会厅

5F/2D

核心筒与区间
叠合位置

L形连体结构
悬挑 40m

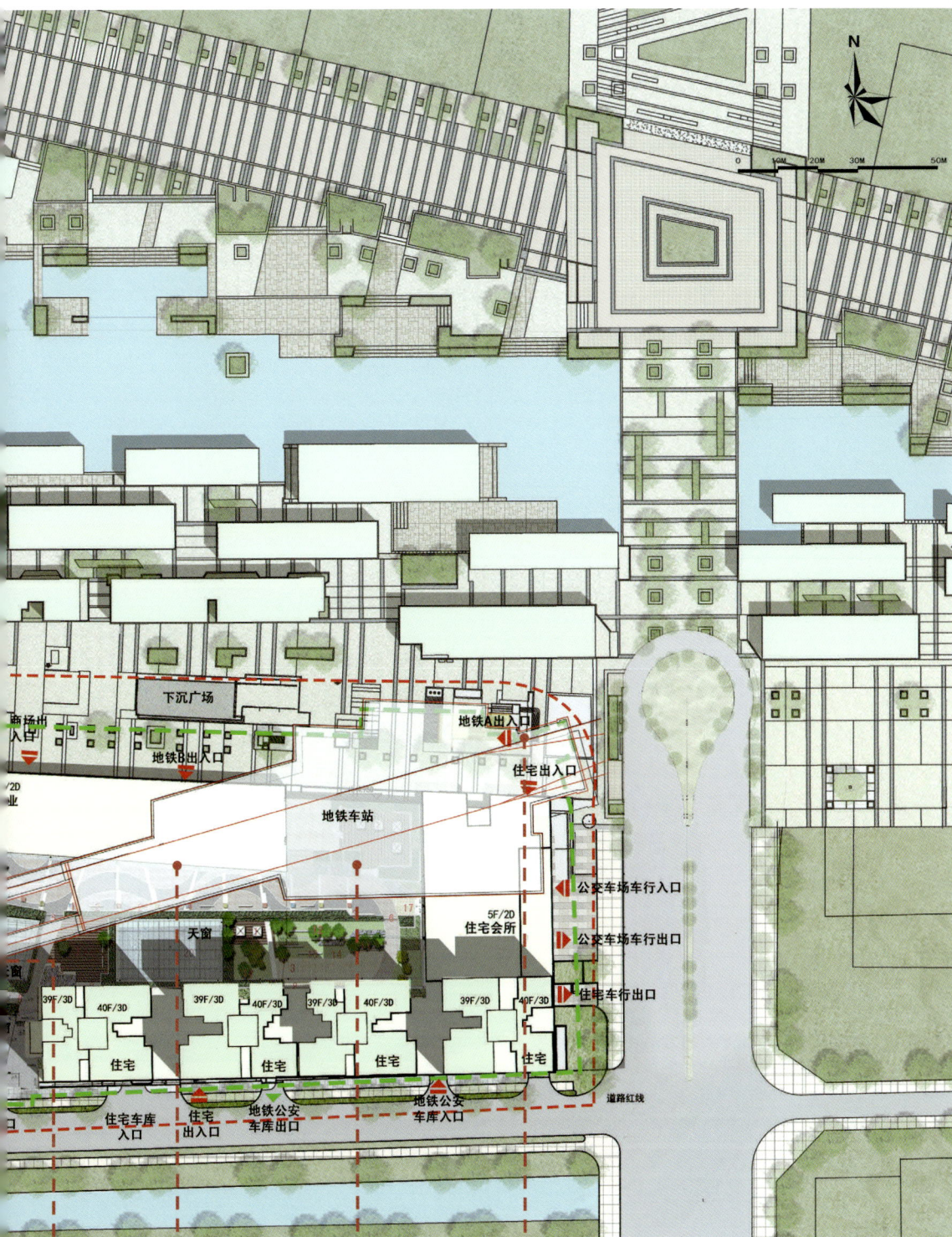

N

0 10M 20M 30M 50M

下沉广场

地铁A出入口

商场出入口

地铁B出入口

住宅出入口

地铁车站

公交车场车行入口

5F/2D
住宅会所

公交车场车行出口

天窗

住宅车行出口

39F/3D 40F/3D 39F/3D 40F/3D 39F/3D 40F/3D 39F/3D 40F/3D

住宅 住宅 住宅 住宅

道路红线

住宅车库
入口

住宅
出入口

地铁公安
车库出口

地铁公安
车库入口

物业与区间
结构脱开

地铁B口

车站与物业合建
顶板结构转换

地铁A口

总平面图

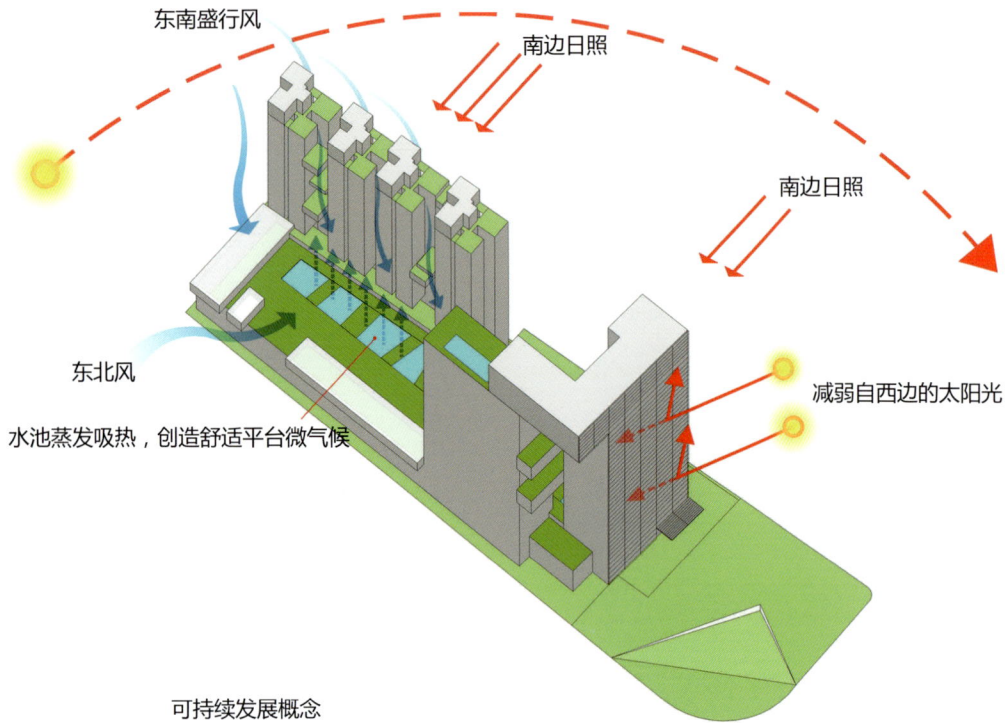

东南盛行风

南边日照

南边日照

东北风

减弱自西边的太阳光

水池蒸发吸热，创造舒适平台微气候

可持续发展概念

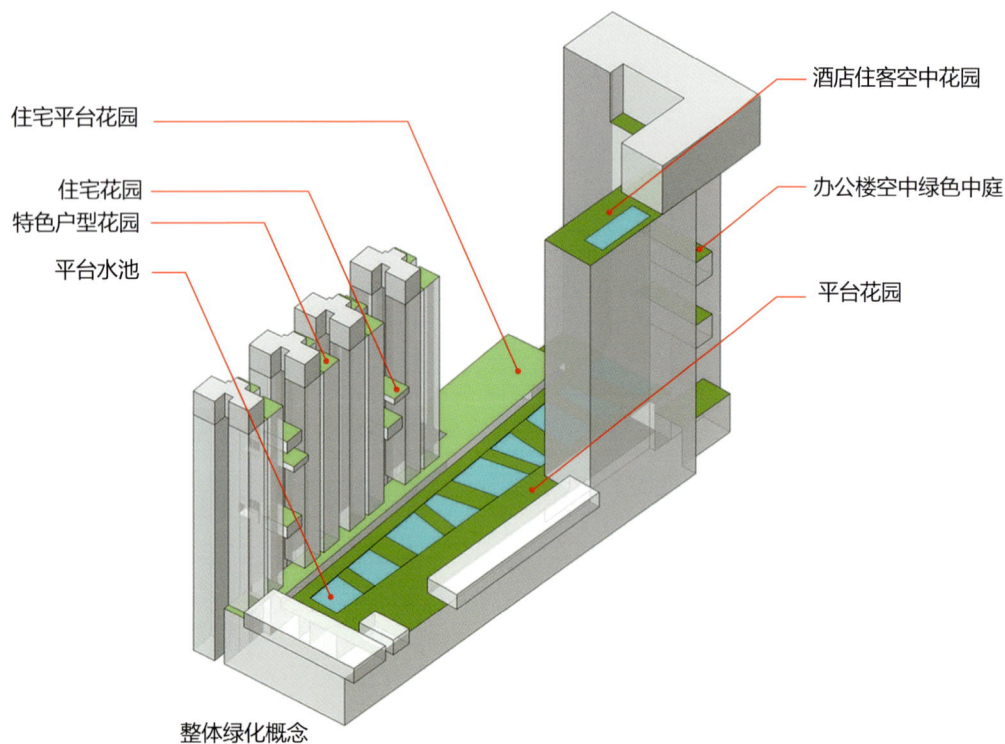

住宅平台花园

住宅花园

特色户型花园

平台水池

酒店住客空中花园

办公楼空中绿色中庭

平台花园

整体绿化概念

环境布置概念示意图

绿色节能

　　建立多层次的立体绿化系统，净化区内空气，吸收噪声，创造清爽悦目的视觉环境。场区用绿化环境将建筑物融合其中，设置不同样式的景观、园林改善内部系统，通过屋顶花园营造怡人的憩息空间。

　　外立面幕墙在每个特定朝向均考虑到不同的节能和景观效果做出相应处理，达到外观和功能的和谐统一。

西立面

核心筒结构托换跨度 12m

外框架柱结构托换跨度 18m

采用减振道床隧道与主体结构脱开设计

核心筒、外框柱跨越隧道图

唯一性

物业与地铁车站合建，振动会直接传递到上部建筑物，如果处理不好将会严重影响住宅及酒店的舒适性。地铁振动的控制是重点和难点问题，必须采取有效措施解决。

减振措施

采用钢弹簧浮置板减振道床进行隔振；区间隧道与物业地下室采用结构分离设计。

结构托换

国内唯一的地铁隧道斜下穿170m超高层建筑，其核心筒、外框柱跨越隧道进行转换，转换最大跨度达18m，结合轨道综合减隔振，克服地铁振动对物业影响的难点，确保住宅及酒店满足规范及舒适性的高要求。

轨道　　　减振器

钢弹簧浮置板

多层大跨度悬臂结构

设计难点

33～39层酒店为双向大悬臂非对称复杂连体结构，设计上几乎无可借鉴的参考先例。

对于连体结构，当风或地震作用时，结构除产生变形外，还会产生扭转变形，扭转效应随塔楼的不对称性的增加而加剧。由于地震在不同塔楼之间的振动差异是存在的，两塔楼相向运动的振动形态极有可能发生响应，此时对连接体的受力很不利。

由于每个塔楼结构平面长宽比较大，结构具有比较明显的主振型方向，且两塔平面呈L形垂直布置，顶部的L形连体结构在两塔的综合作用下，将会产生较大的扭转效应，进而影响整个结构在地震作用下的性能。

技术措施

设计采用钢支撑框架、钢管混凝土柱、水平支撑基于性能的设计等措施解决。

需解决五大超限问题
- 结构高度为B级
- 侧向刚度突变大
- 扭转位移比达1.5
- 尺寸突变外挑28m
- 非对称连体结构

桁架构件装饰

西北向实景

西南向实景

站城协同

技术协同

地铁车站与裙楼衔接融合：车站结构与物业结构连为一体，多功能上下叠合。不同功能对柱网有不同要求，设计需要优化、整合、转换。

隧道区间与塔楼衔接协调：隧道区间在办公塔楼下穿越，大量的协调论证及建设时序对设计者提出更高要求。

工期协同

车站、区间与物业统一设计、同步建设，相关接口及设施先行完成，需满足广佛线 2010 年 10 月开通目标。

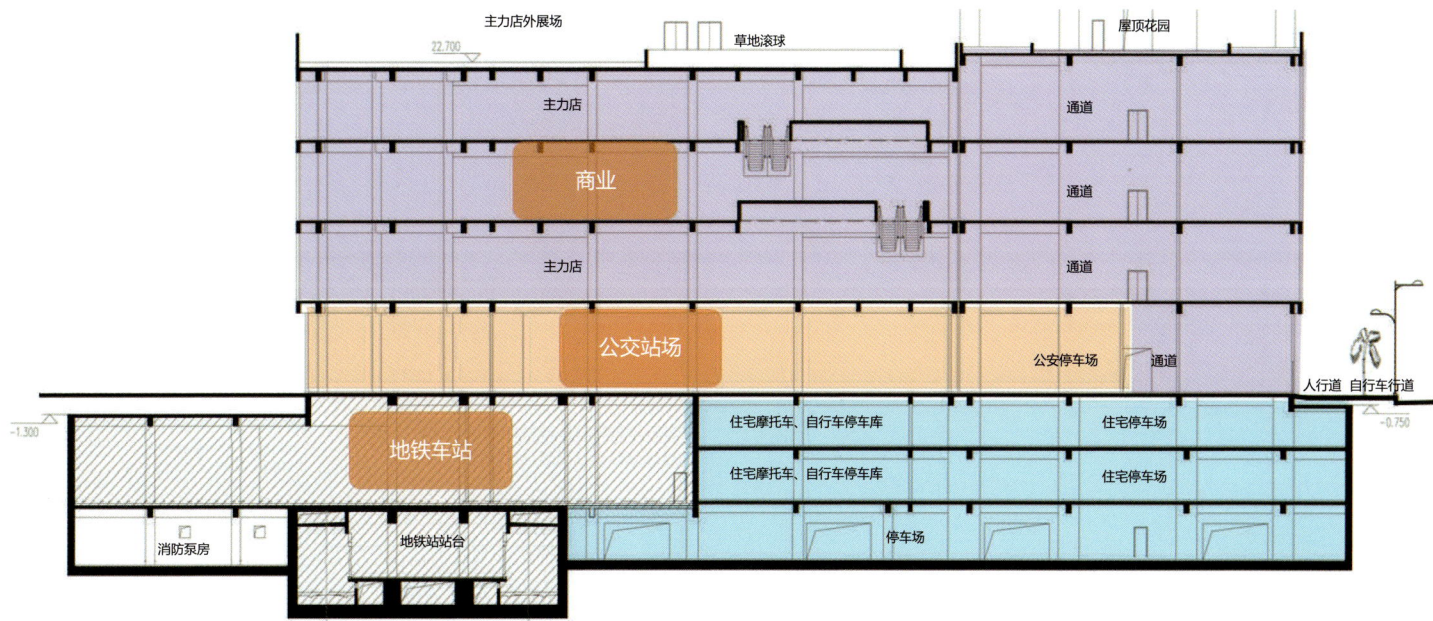

裙楼局部剖切图

科技成果国际领先

国际领先

经聂建国院士等专家团队对科技成果鉴定，核心筒上跨地铁隧道隔振降噪技术、多业态综合体协同技术等综合应用成果达到国际领先水平。南海金融城的建设对大型城市综合体的科技进步起到了引领作用。

国内唯一

地下车站区间斜穿170m超高层的建筑核心筒，外框柱跨越地下车站区间，结构分离托换最大跨度达18m。结合轨道综合减隔振，确保住宅、酒店舒适性的高要求。

国内首创

地铁+上盖综合体一体化综合技术应用，在地铁车站及区间正上方竖向叠合、同步建设，高度协同、融合，实现多种交通模式、商业及生活等设施无缝衔接的城市综合体。塔楼采用多层大悬臂结构，实现建筑技艺与空间造型的完美结合。

鉴 定 委 员 会 意 见

2019年4月9日，广东省工程勘察设计行业协会组织鉴定专家委员会（名单附后）在广州市召开"轨道交通与城市融合综合体关键技术研究及应用"科技成果鉴定会，该成果由广州地铁设计研究院股份有限公司完成。鉴定委员会审阅了相关材料，听取了汇报，经质询和讨论，形成鉴定意见如下：

一、课题组提交的鉴定资料齐全，符合科技成果鉴定要求。

二、南海地铁金融城项目为集轨道交通与城市融合的大型复杂综合体，项目组对其关键技术进行了深入研究，取得的创新成果如下：

1）针对"轨道交通+上盖物业"综合体的复杂性，在国际上率先运用多业态综合体协同技术，实现多种交通模式、商业及生活等多功能设施的无缝衔接，构建安全高效的大型综合服务设施。

2）针对地铁隧道斜下穿160m超高层建筑，其核心筒、外框柱跨越隧道进行转换，转换最大跨度达18m；采用双向大悬臂非对称复杂连体结构，实现建筑功能；结合轨道及结构采取综合减振技术，将宽频谱振动控制在合理范围。以上技术，在国际上尚无先例。

3）针对轨道交通项目复杂电磁环境，首次运用轨道交通上盖城市综合体的杂散电流防护措施，减少了钢筋的电化腐蚀，提高了结构的耐久性。

三、该项目研究成果在南海地铁金融城等项目中得到成功应用，取得了显著的经济效益和社会效益。

作为轨道交通与城市融合的大型复杂综合体，鉴定委员会认为其综合成果达到国际领先水平，一致同意通过科技成果鉴定。

鉴定委员会主任： 副主任：

2019年4月9日

北向实景

获奖情况

2019 年度　中国勘察设计协会行业优秀勘察设计奖　优秀（公共）建筑设计二等奖

2019 年度　广东省优秀工程勘察设计奖　建筑工程一等奖

2018 年度　广州市优秀工程勘察设计奖　（公建）一等奖

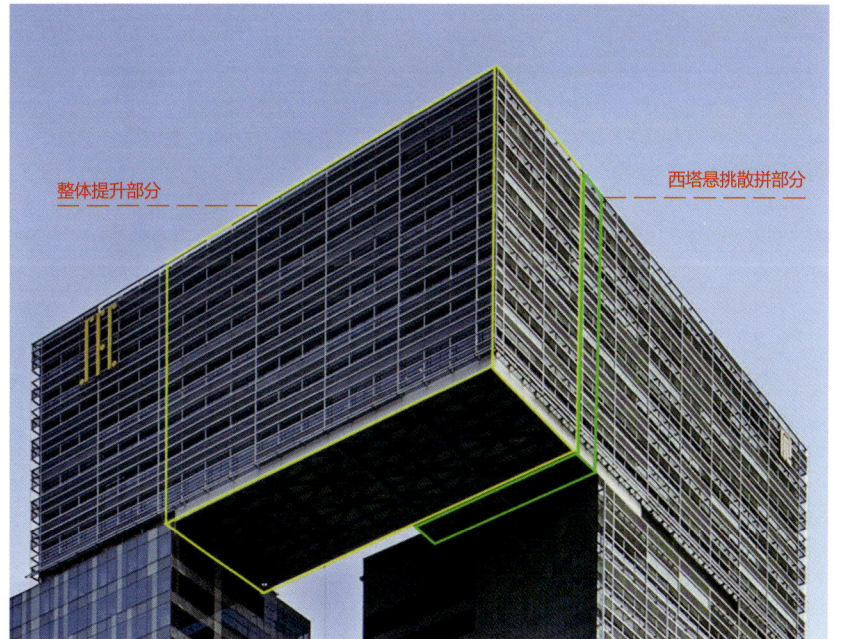

整体提升部分　　　　　　　　　　　西塔悬挑散拼部分

大型民用建筑设计总承包

　　南海金融城设计涵盖了方案设计、初步设计、招标设计、施工图设计阶段。包括土建、机电、装修、夜景、厨房、景观绿化、广告LOGO、标识设计及招标清单和概预算编制工作，是大型民用建筑设计总承包项目。为适应复杂的项目设计和管理工作，制订了一系列有针对性的项目管理制度，有力地保障了项目设计的进度、质量、投资控制的目标。

　　在人员配置上，组建有经验的设计团队，同时配置总包管理人员，加强设计的内外部协调工作，同时协调各方人力及技术资源，确保项目快速推进。

　　在计划控制上，厘清关键线路，协调外部不稳定因素，促进各方尽早稳定边界条件，并与业主协调设计进度。

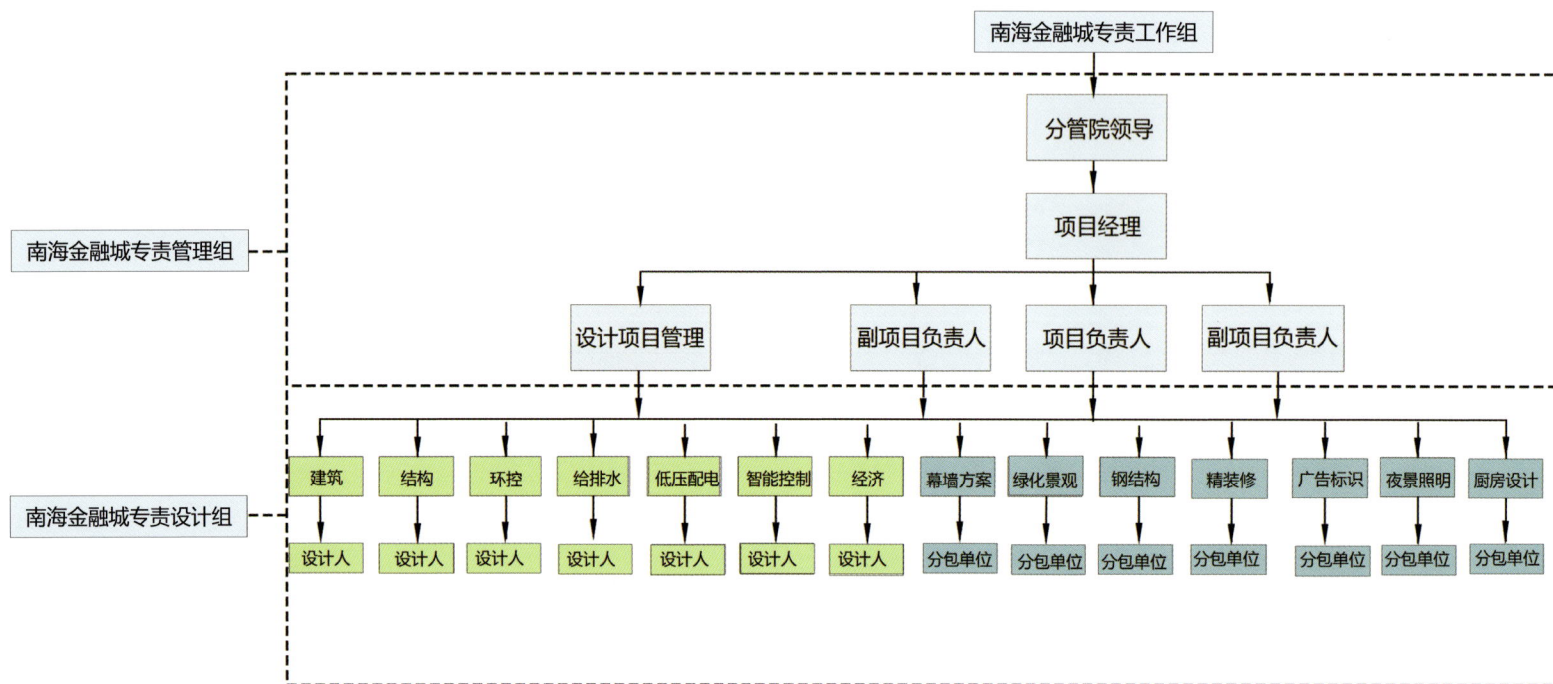

总承包管理模式组织图

东南向局部实景

建筑

总体布局

综合分析项目功能组成，结合既有广佛线地铁线路对地块的切割以及地铁车站的布置，以满足物业开发与交通枢纽两大组成的功能要求为根本，从项目地块所处的区位与周边道路及周边规划环境的情况出发，结合朝向、风向等客观条件，以地铁对地块形成的自然切割为分界，在总图布局上将写字楼、酒店布置在用地的西北角，临近城市广场，塔楼分布为L形，酒店在塔楼顶部出挑，将两座办公塔楼联系成为一体，形成完整的布局形式，并强调视线可识别性与地区区位特征识别。

将住宅组团布置在用地的东南角，为住宅开发争取最大化的日照采光面与景观面。

由于地铁车站设置在东北角，从交通局"零距离换乘"的设计初衷出发，结合地块东侧机动车开口范围较大的条件，将公交枢纽布置在地块中部东侧，与物业的商业裙楼结合布置。采用竖向与水平交通有效解决各种换乘功能之间的无缝衔接。

利用地块西北侧大面积的退缩距离营造城市广场，形成开阔的开放式广场空间，体现出主体建筑恢宏的气势，使城市道路和建筑广场空间构成和谐的整体，在广场中配置一些景观元素，创造出良好的室外空间。

项目周边规划图

下沉广场

下沉广场

下沉广场

下沉广场

地铁A出入口

商场出入口

办公出入口

商场出入口

地铁B出入口

住宅出入口

地下车库出入口

商场人行出入口

酒店

39F/2D

5F/2D
商业

地铁车站

泳池

公交车场车行入口

32F/2D

4F/2D

办公

公交车场车行出口

办公出入口

办公出入口

天窗

区间隧道

住宅会所

5F/2B

天窗

住宅车行出口

酒店人行入口

天窗

地下车库出入口

酒店宴会厅

39F/3D

40F/3D

40F/3D

39F/3D

39F/3D

40F/3D

39F/3D

40F/3D

5F/2D

住宅

住宅

住宅

住宅

道路红线

卸货出入口

住宅车库入口

住宅出入口

地铁公安车库出口

地铁公安车库入口

五胜河

总平面图

鸟瞰图

功能的叠合

——多种业态竖向整合叠加，实现立体都市生活，打造活力中心

南海金融城是将轨道交通与城市融合的大型城市综合体，总建筑面积约355961m²，基于地铁车站、区间线路沿西南方向斜向穿越地块，将地下室分割成两块，设计将上盖物业与地铁车站、区间竖向叠合融合设计，采用多种形式的结构转换使地下、地上建筑形成有机整体。

综合体首层东北侧布置6路、18车位、总建筑面积6000m²规模的公交站场，与地铁车站无缝衔接，实现地铁、公交"零距离换乘"。

多户型建筑面积86300m²住宅与地铁车站毗邻，住宅的电梯直达负一层地铁车站站厅层及停车场，实现"找到地铁即找到家"。

两栋建筑面积91000m²的办公楼、建筑面积65000m²的商场与地铁车站有机融合，引导和吸引城市客流，为建筑和该区注入更多活力。

由香港经营的四星级富豪酒店位于办公楼上方，多种类型的业态结合地铁、公交等交通基础设施集中开发，在建筑内外空间设计上贯彻结合统一的原则。

功能关系及流线衔接示意图

东北向实景

板块的融合

——轨道＋物业开发互相融合，又进行耦合，实现功能与布局效益最大化

城市土地资源的集约利用是在当前一线城市土地资源空前紧张的城市背景之下，结合轨道交通衔接工程建设的枢纽综合体应运而生的，南海金融城综合了大型城市综合体多业态及多种交通设施功能，促进各类交通功能与城市综合服务有机衔接、地上地下空间充分利用、上部下部结构高度协同，使站城从无序割裂走向有序统一，优化城市土地结构，实现土地高效利用。

站厅至商场入口实景

西北向实景

造型与空间演化

　　体量设计从整体性出发，综合考虑周边视角、基地特性、建筑景观朝向、建筑类型和容积率要求等制约因素，结合地铁、公交站、城市主干道等城市基础设施布局。通过推移、旋转、置换、拉伸、扣接等设计手法，最终形成了办公、酒店、商场和住宅各具特色、相互呼应的完整统一的体量格局。

办公体量考虑：

　　将容积率分配到两支塔楼，相对单支办公楼具有更大的平面使用和业态灵活性。在建造时间上可以更加灵活，顺应市场需求的变化。相比同样限高的单支塔楼的大平面，两支塔楼平面尺寸更加合理，可租可卖。

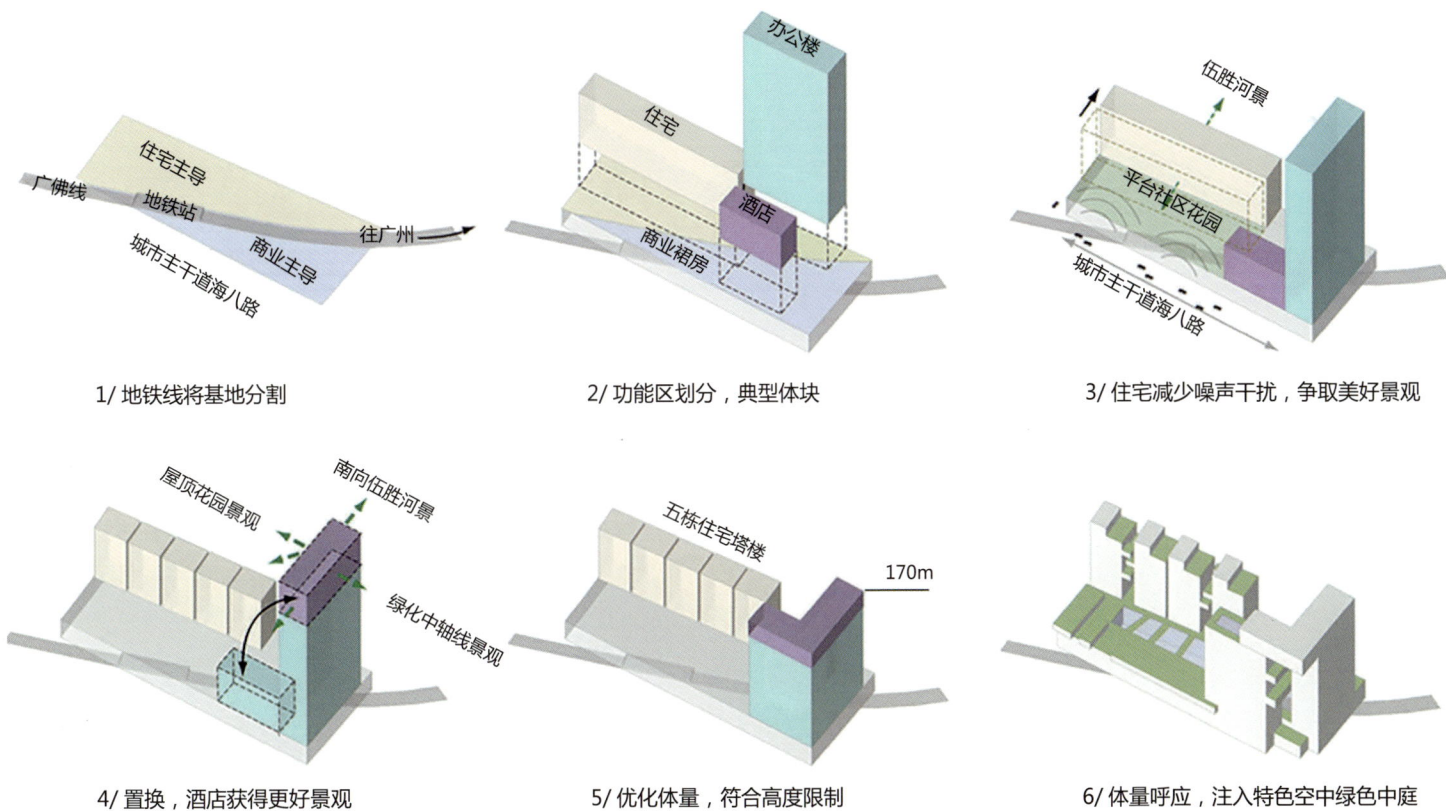

1/ 地铁线将基地分割

2/ 功能区划分，典型体块

3/ 住宅减少噪声干扰，争取美好景观

4/ 置换，酒店获得更好景观

5/ 优化体量，符合高度限制

6/ 体量呼应，注入特色空中绿色中庭

形态构成分析图

西南向实景

建筑功能布局

容积率极高的多种建筑类型综合体，结合地铁、公交等交通基础设施集中开发，在平面布局上应做到功能合理、分区明确，在建筑内外空间设计上贯彻综合统一的原则，在满足各种功能需求的同时，利用各种建筑类型的不同特点，引导和吸引城市人流，为建筑和区域注入更多活力。

在满足使用功能及规划要求的前提下，在合理有效利用空间的基础上，弹性、高效、灵活地使用建筑空间，以提高建筑的使用率。

综合体由下至上可大致分为地下室（含地铁车站及区间）、地面商业裙楼以及地上高层塔楼（包括写字楼、酒店塔楼以及住宅塔楼两部分）。

地下负二层：车库、设备用房、地铁站台与区间隧道等；

地下负一层：车库、设备用房、地下商业、地铁站厅与车站设备用房等；

地下负一层及夹层：车库、酒店后勤；

首层：商业酒店大堂、写字楼大堂、住宅入口大堂、地铁公安、公交站场等；

2～5层：裙楼商业及主力店、住宅分户入户大堂、住宅配套平台花园、住宅小区会所配套等；

办公塔楼6～31层、办公层（含局部联通的特色金融办公层）；

西塔楼31层：酒店空中大堂；

西、北塔楼连体33层：酒店配套康体中心；

西、北塔楼连体34～39层：酒店客房等。

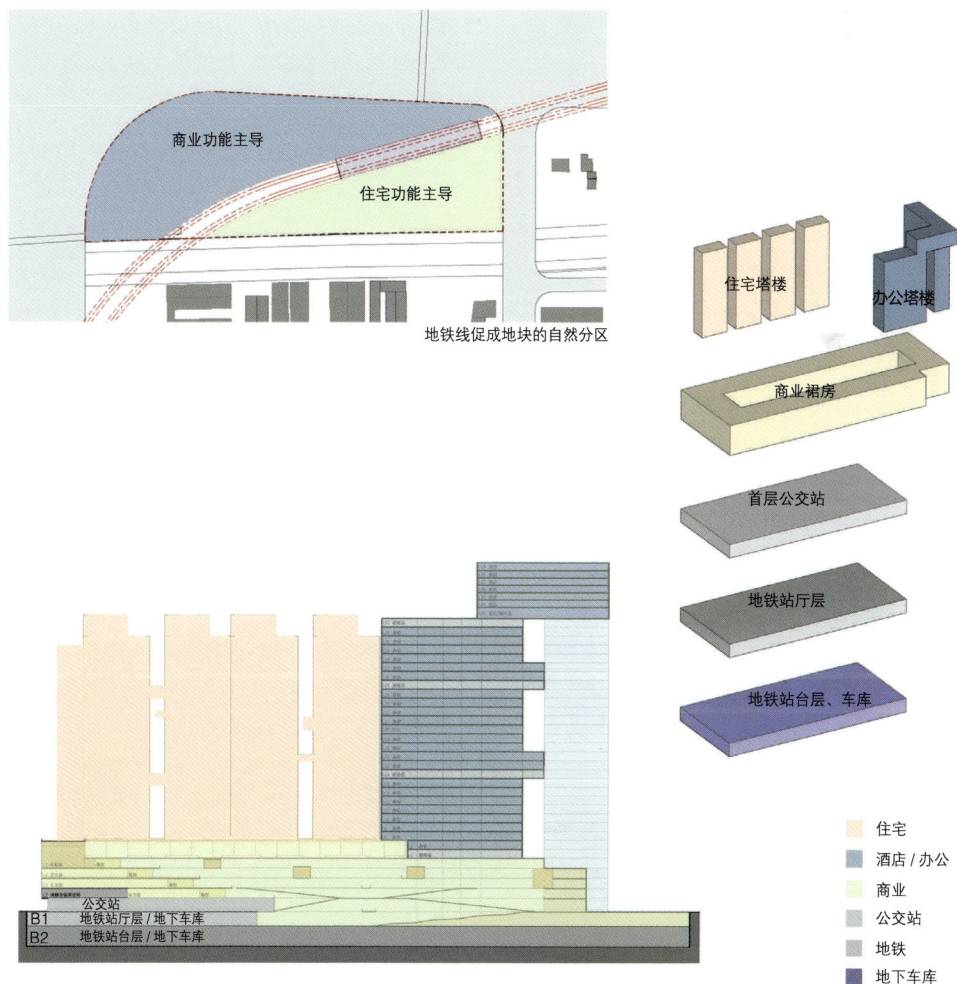

地铁线促成地块的自然分区

形体分布建立于地块分区的自然条件

功能划分图

49

车库

设备房

地铁区间

车库

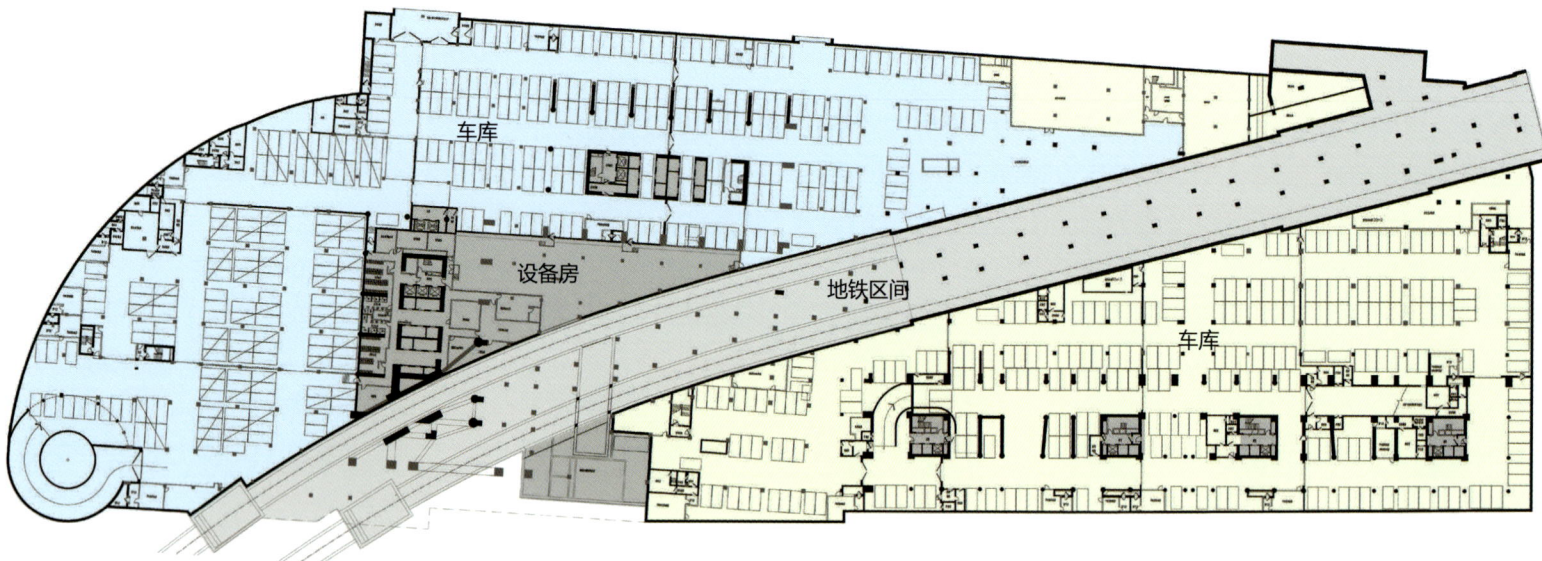

地下二层平面图

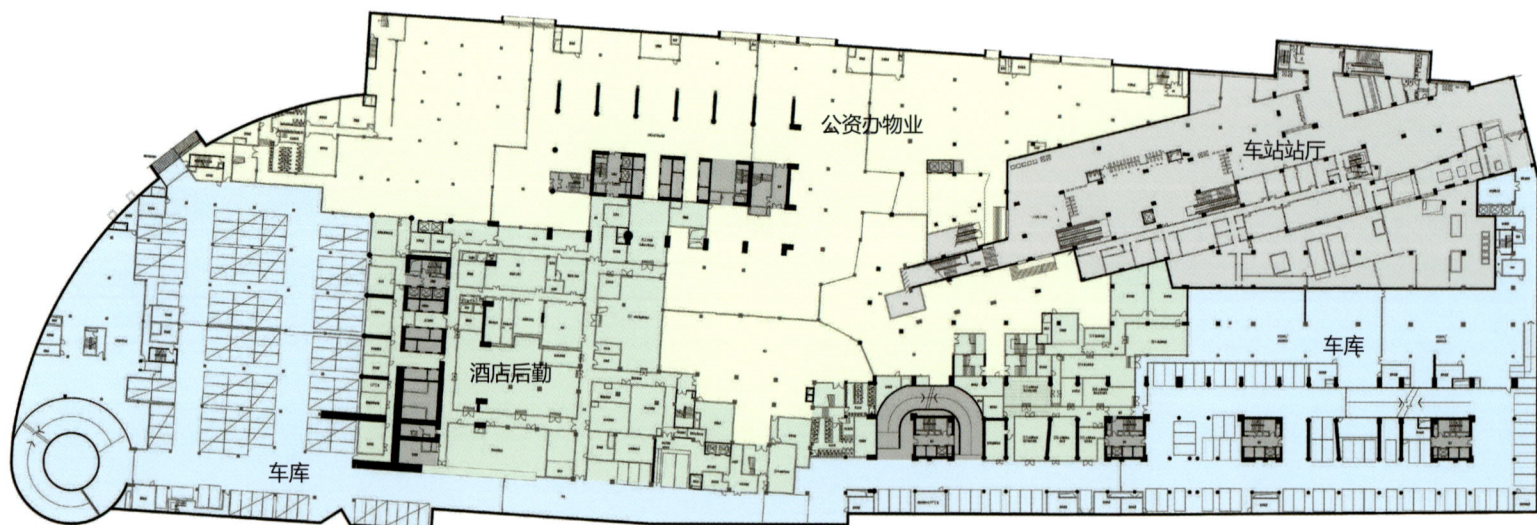

公资办物业

车站站厅

酒店后勤

车库

车库

地下一层平面图

办公大堂

办公大堂

商场

至地铁

公交站场

住宅大堂

酒店大堂

公安车库

住宅大堂

首层平面图

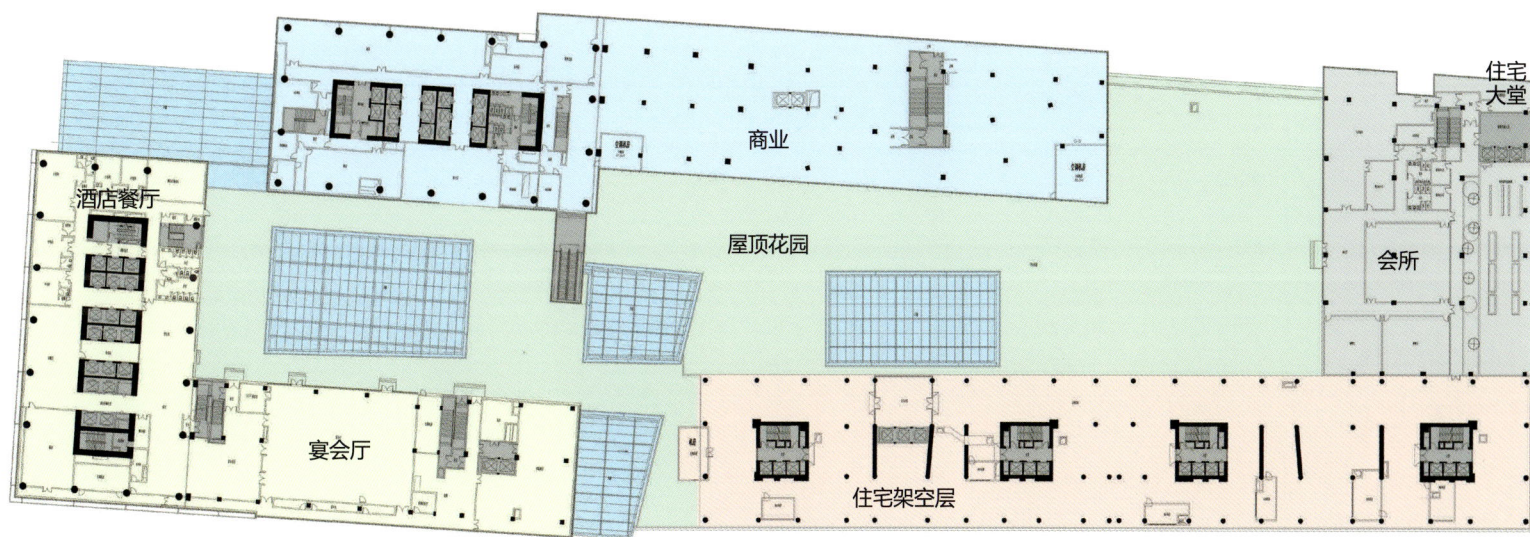

酒店餐厅

住宅大堂

商业

屋顶花园

会所

宴会厅

住宅架空层

五层平面图

51

16 ～ 17 层联体办公楼层平面图

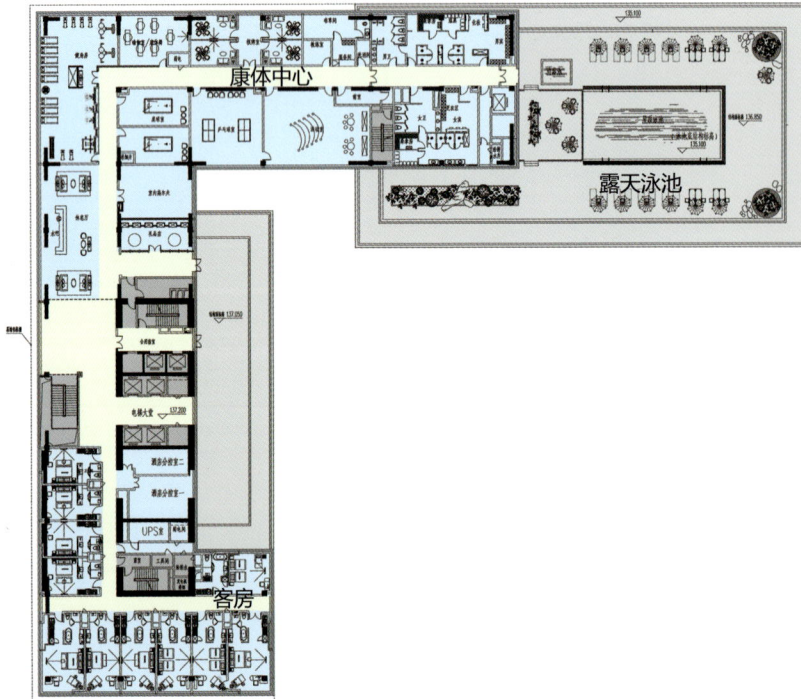

33 层酒店康体中心层平面图

东南向局部实景

西北向鸟瞰

流线组织

　　以"人车分流""互不干扰"为设计主旨。物业写字楼的主要出入口设置在用地的西侧，可直接由桂澜路进入，并在入口前方设置有专用通道进入地下车库的坡道。从保证酒店使用档次、有效区分酒店客流与商业、写字楼客流的角度出发，将酒店出入口设置在用地的西面。住宅出入口采用集中大堂形式，分别设置在南面、东北角处。在用地南侧中部，设有商业运输出入口及住宅车库入口。而公交枢纽由于靠近地块东侧布置，将公交出入口设置在东侧宝翠北路，减少大量公交进出对地块物业开发功能的影响。出入口布局合理，车流、人流分区明确，减少了交叉，使用也较为合理。

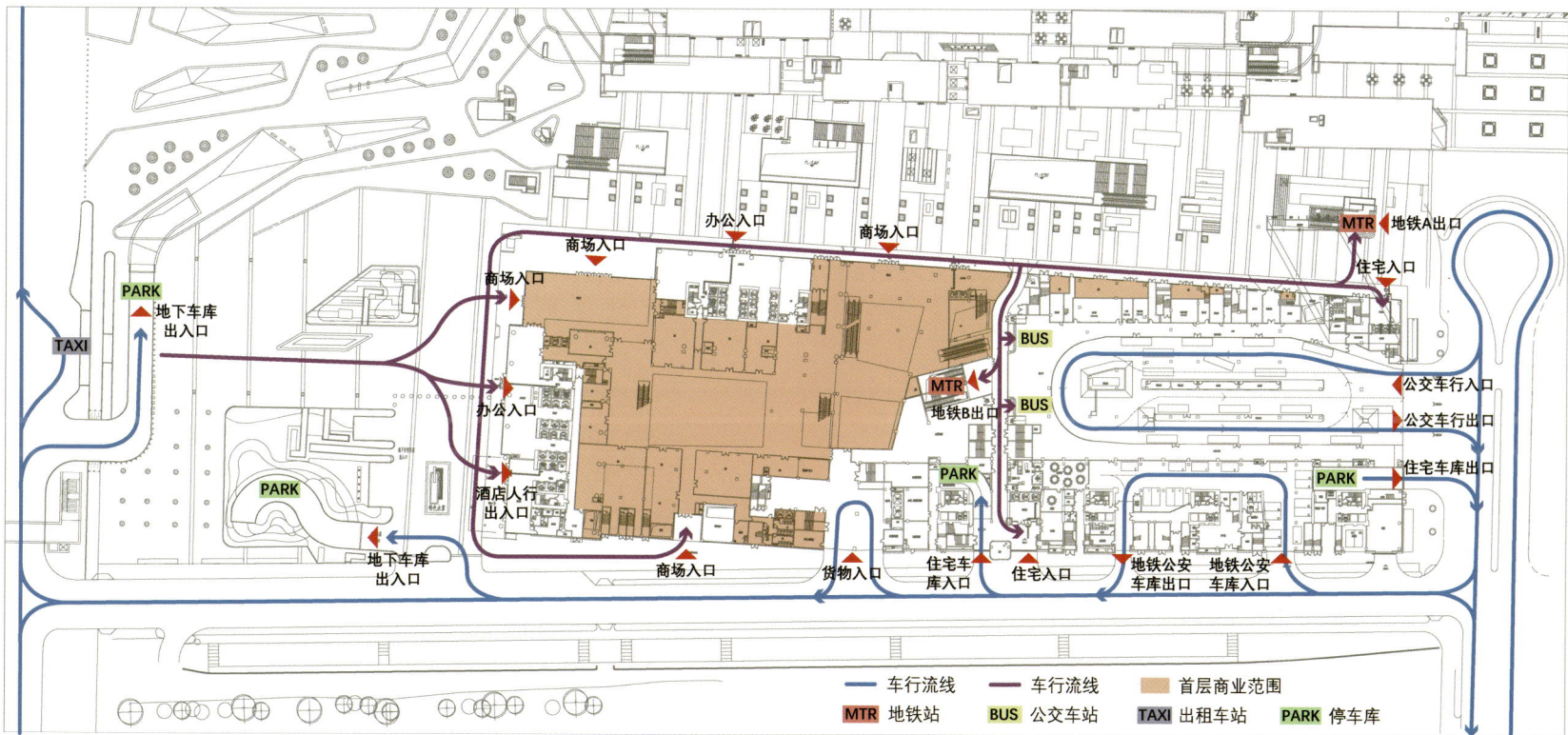

—— 车行流线	—— 车行流线	▨ 首层商业范围
MTR 地铁站	BUS 公交车站	TAXI 出租车站　PARK 停车库

流线组织图

合理、高效的水平与垂直交通组织

在解决好外部流线组织的基础上，建筑内部结合功能等因素，组织综合体的水平及垂直交通流线。

1. 水平交通组织

办公、酒店通过各层走廊把楼梯和电梯与各个功能分区联系起来，商场沿中庭布局展开人流动线，地下车库汽车则通过水平车道到达停车位和坡道。

2. 垂直交通组织

通过不同分区楼梯、电梯，分别达到不同功能板块的出入口。根据功能服务需要，南海金融城共设置自动扶梯28台、电梯63台，承担繁忙的运输服务，做到有条不紊。

裙楼商场：设15部楼梯，28部扶梯，8台电梯（不含货运电梯）；

住宅：每栋塔楼均设有1部剪刀楼梯，3台电梯，住宅公共大堂设有两处，每处设有3台电梯直通5层，再转乘电梯至住户；

办公楼：每一栋均设有2部楼梯、12台电梯、2台服务电梯，其中每一栋均设1部消防电梯；塔楼办公的电梯分为两个区，低区电梯停1～18层，高区电梯厅停19～31层；

酒店：在首层设有2部穿梭服务电梯直达31层，31～39层设有4部乘客电梯，另外还设有2部消防电梯，2部1～6层电梯供餐厅使用。

电梯厅实景

电梯分区设计 西塔楼
北塔楼

酒店服务梯，消防电梯

低区 —— 电梯一区
高区 —— 电梯二区

酒店穿梭梯

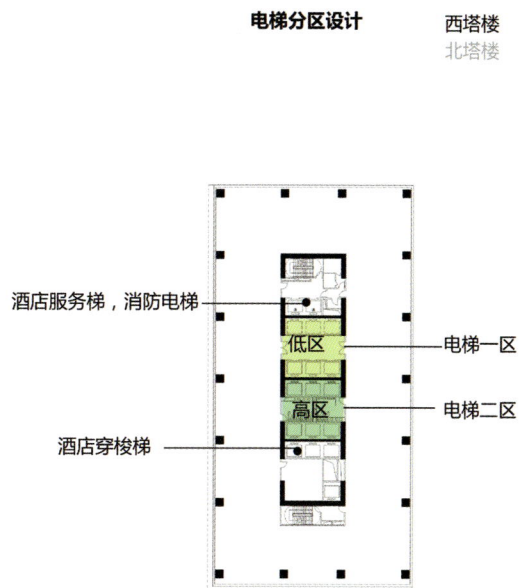

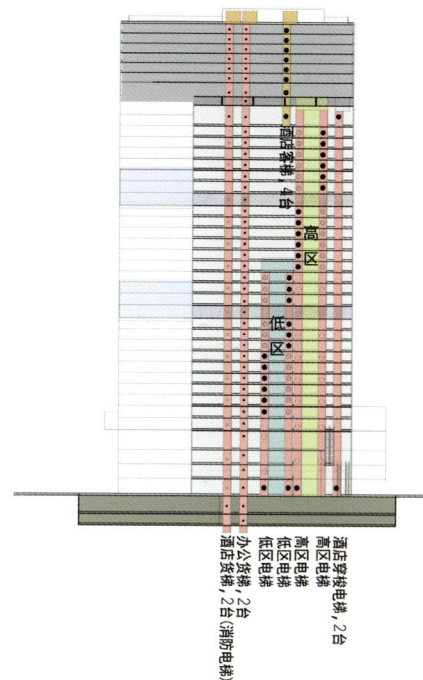

西塔电梯分区图

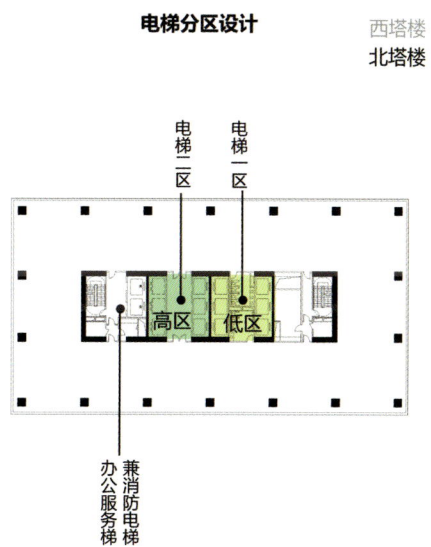

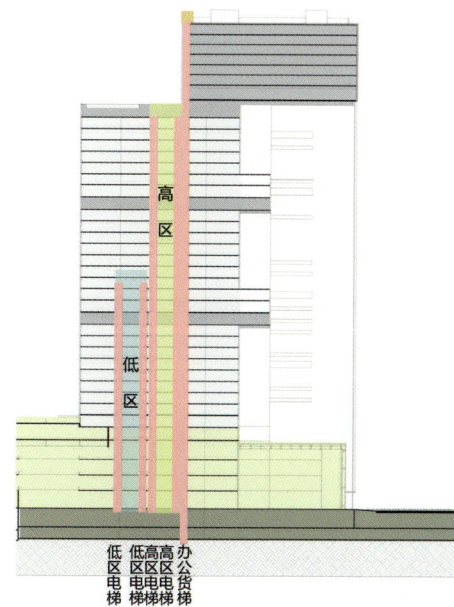

酒店穿梭梯，4台
高区
低区

酒店穿梭电梯，2台
高区电梯
低区电梯
办公区货梯，2台（消防电梯）

电梯分区设计 西塔楼
北塔楼

电梯二区 电梯一区
高区 低区

兼消防电梯
办公服务梯

北塔电梯分区图

高区
低区

低区电梯 低区电梯 高区电梯 高区电梯 办公货梯

立面设计

考虑南海金融城的独特性，建筑需充分体现项目在区位中的地标效应，增强建筑可识别性。地块北临金融广场，南临伍胜河，东西分别为宝翠路与桂澜路，周边视野开阔，建筑各向立面都是城市中心景观的有机组成部分，因此在设计时将各立面处理成整体统一、浑然一体的效果，这样从不同角度都能展现其完整的形象和性格。

设计目标：

（1）整体、大气、简洁，体现纯几何形态的视觉冲击。

（2）建筑语汇的统一性与元素的多样性。

塔楼利用基本几何形体，借助形体的推拉、组合、搭接，形成丰富的建筑语言，通过简练的幕墙线条强调都市节奏动感，营造儒雅气质。

裙楼立面肌理与塔楼融合，模糊水平与竖向的分界线，勾勒建筑物的整体形象；立面以幕墙为主导材料，配以住宅采用红褐色和不同深浅灰色的外墙砖，丰富了立面效果。

立面注重主次、虚实、疏密、形体的比例关系，使各部分体块关系有机地统一协调，取得动态均衡的效果。

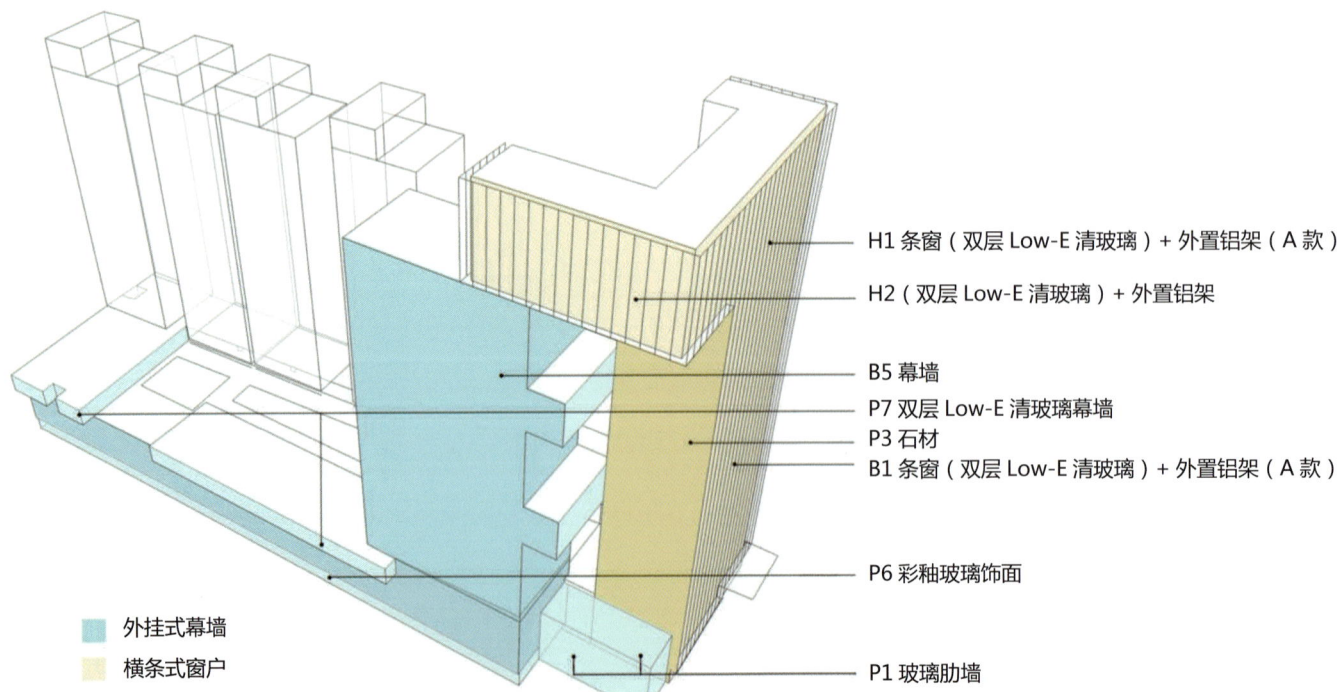

H1 条窗（双层 Low-E 清玻璃）+ 外置铝架（A 款）
H2（双层 Low-E 清玻璃）+ 外置铝架
B5 幕墙
P7 双层 Low-E 清玻璃幕墙
P3 石材
B1 条窗（双层 Low-E 清玻璃）+ 外置铝架（A 款）
P6 彩釉玻璃饰面
P1 玻璃肋墙

外挂式幕墙
横条式窗户

幕墙材料分布图

酒店、办公入口外观

东北向实景

北向外观

西向外观

西北角局部外观

幕墙

幕墙是外立面设计的主要语汇，占有大部分立面面积，是整个外观设计、效果的关键因素，因此幕墙设计是整个建筑外观设计的重点。

幕墙结合遮阳节能效果，将纹理、质地与建筑形体组合结合在一起，传达装饰与使用功能的统一。

幕墙立面通过不同立面的石材幕墙、格栅幕墙与玻璃幕墙的虚实对比，强调了几何造型的体块关系；中空 Low-E 玻璃与彩釉玻璃虚实对比组成肌理，通过有韵律的重复，使建筑的律动感体现其中。

幕墙格栅系统组成的肌理，既解决遮阳问题，又丰富了立面，使建筑具有节奏感和韵律美，实现了建筑和环境的互动和融合。

幕墙选材主要采用浅灰蓝色中空 Low-E 玻璃、清玻璃、浅灰白色格栅、巴拿马黑石材进行搭配，形成良好的视觉效果。

幕墙局部造型

为达到设计效果，展开了幕墙方案专题研究，并结合幕墙深化、视觉样板的效果，设计分别对幕墙格栅方案、西北角玻璃盒幕墙方案进行比选，确定最终的实施方案。

幕墙格栅方案比选：

格栅方案是研究重点，它影响建筑外观、室内采光、景观效果、遮阳节能效果。经过几轮方案比选，反复推敲、修改，最终敲定实施方案，建成后幕墙整体效果达到投标方案的要求。

方案一：采用彩釉玻璃＋穿孔铝板＋空格栅组合，深灰铝板与浅蓝色玻璃交替组合，色彩、虚实对比明显。

方案二：采用横格栅＋斜格栅＋空格栅组合，格栅材料颜色采用灰白色，横格栅与斜格栅弱对比，追求统一中有变化的效果。从视觉模型看，效果与预期出入较大，显得较为单调。

方案三：深入分析之前格栅方案的优缺点，结合投标方案效果，采用横向彩釉玻璃＋深灰色铝格栅＋空格栅的方案，每个格栅条由7根改为6根，视觉模型效果良好，建成后达到预期的效果。

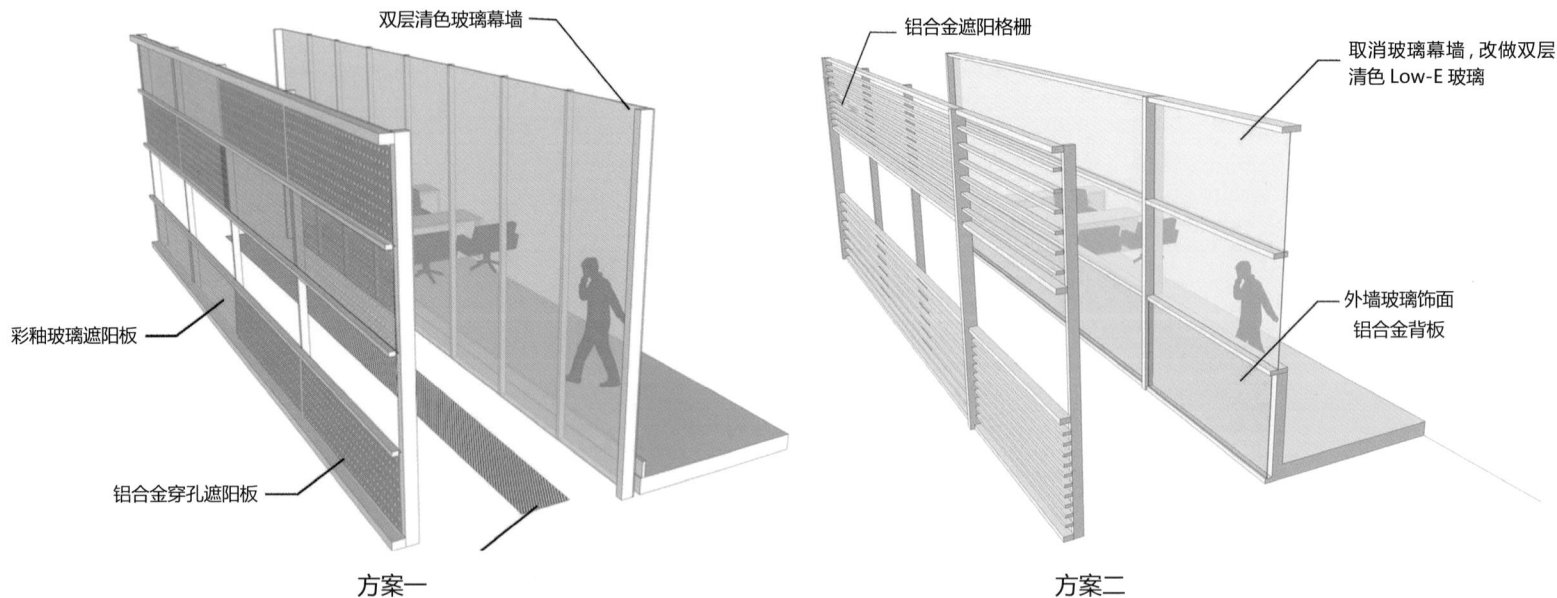

双层清色玻璃幕墙

彩釉玻璃遮阳板

铝合金穿孔遮阳板

方案一

铝合金遮阳格栅

取消玻璃幕墙，改做双层清色 Low-E 玻璃

外墙玻璃饰面铝合金背板

方案二

办公室内效果图

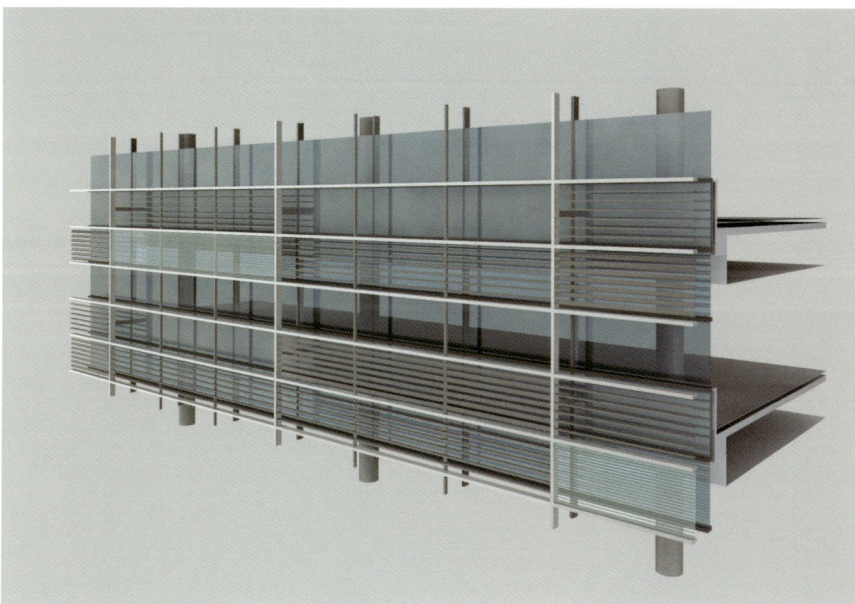

方案三（实施方案）

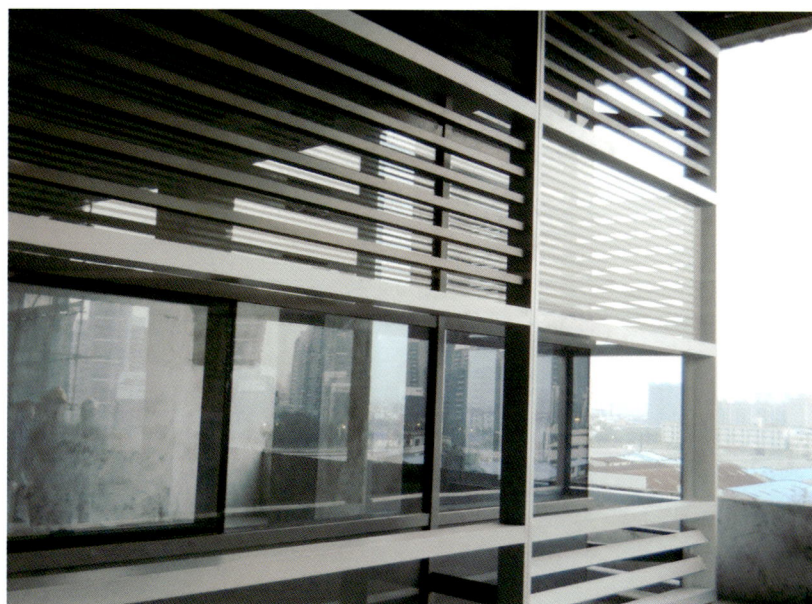

格栅实施方案视觉样板

西北角玻璃盒幕墙方案比选：

西北角玻璃盒，长 × 宽 × 高为 38m × 17m × 23.5m，长方形玻璃盒嵌入西、北塔楼底部的转角处，与中部、上部的连接体互为呼应，它是商场的主入口，是建筑的点睛之笔，从西北角广场看去，高大的尺度配以室内的陈设、灯光，成为人们视线的焦点。

在玻璃盒的材料运用上，初始想采用单片钢化清玻璃（方案一），目的是增强与旁边深色幕墙的对比关系，使玻璃盒更加突出，但这个方案无法满足节能计算要求，于是拟采用夹胶 Low-E 清玻璃 + 彩釉玻璃的组合方案（方案二），

以解决节能问题。方案二的缺点是 5.5m × 1.2m 的玻璃分格过大，工厂难以加工，为此把玻璃尺寸调整为 2.75m × 1.2m，形成方案三，此方案的不足之处是玻璃分格过细，整体观感效果不佳。

综合考虑节能、成品玻璃尺寸、施工工期及整体效果等因素，经过多轮方案比较，最终形成方案四，即采用 3.6m × 1.8m 夹胶玻璃横向排列，分隔比例约为 1 : 2，室内外整体效果良好，同时在底部两格采用了夹胶清玻璃，效果通透。使人视高度能更清晰地看到室内。由于选用了普通玻璃尺寸的产品，大大缩短了施工工期，造价低，获得令人满意的效果。

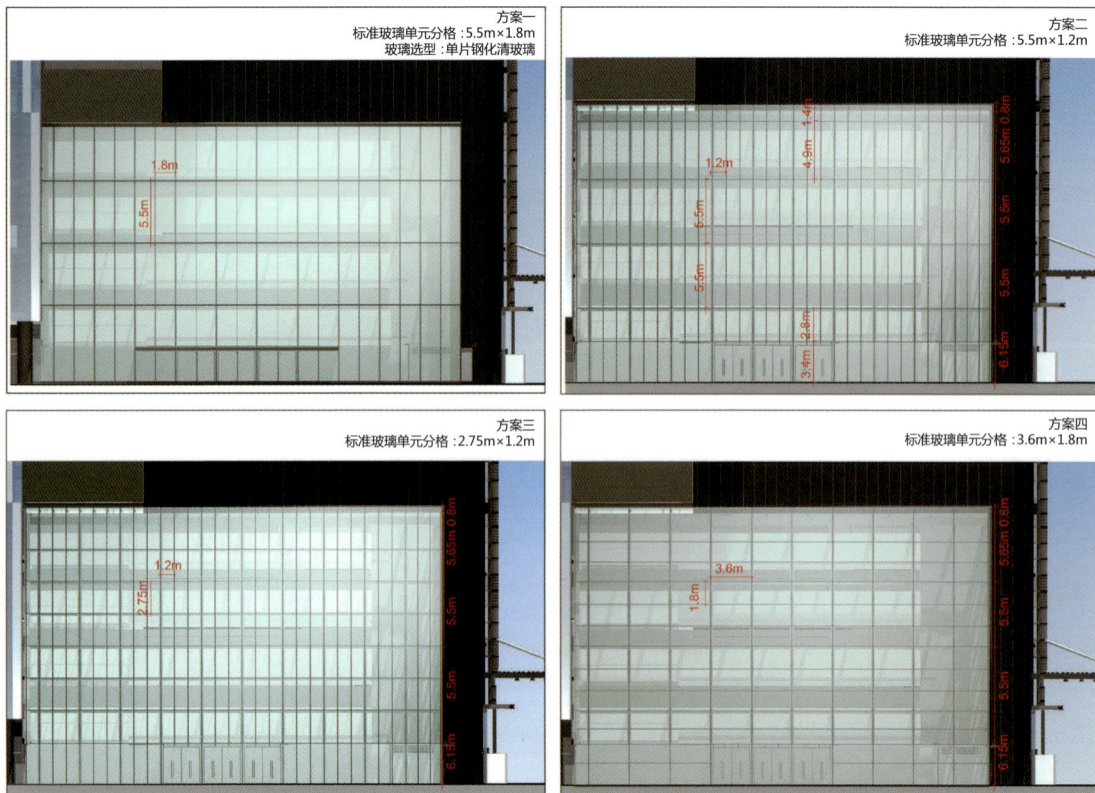

立面分格比较

方案四效果图

北塔楼立面

幕墙细部构造

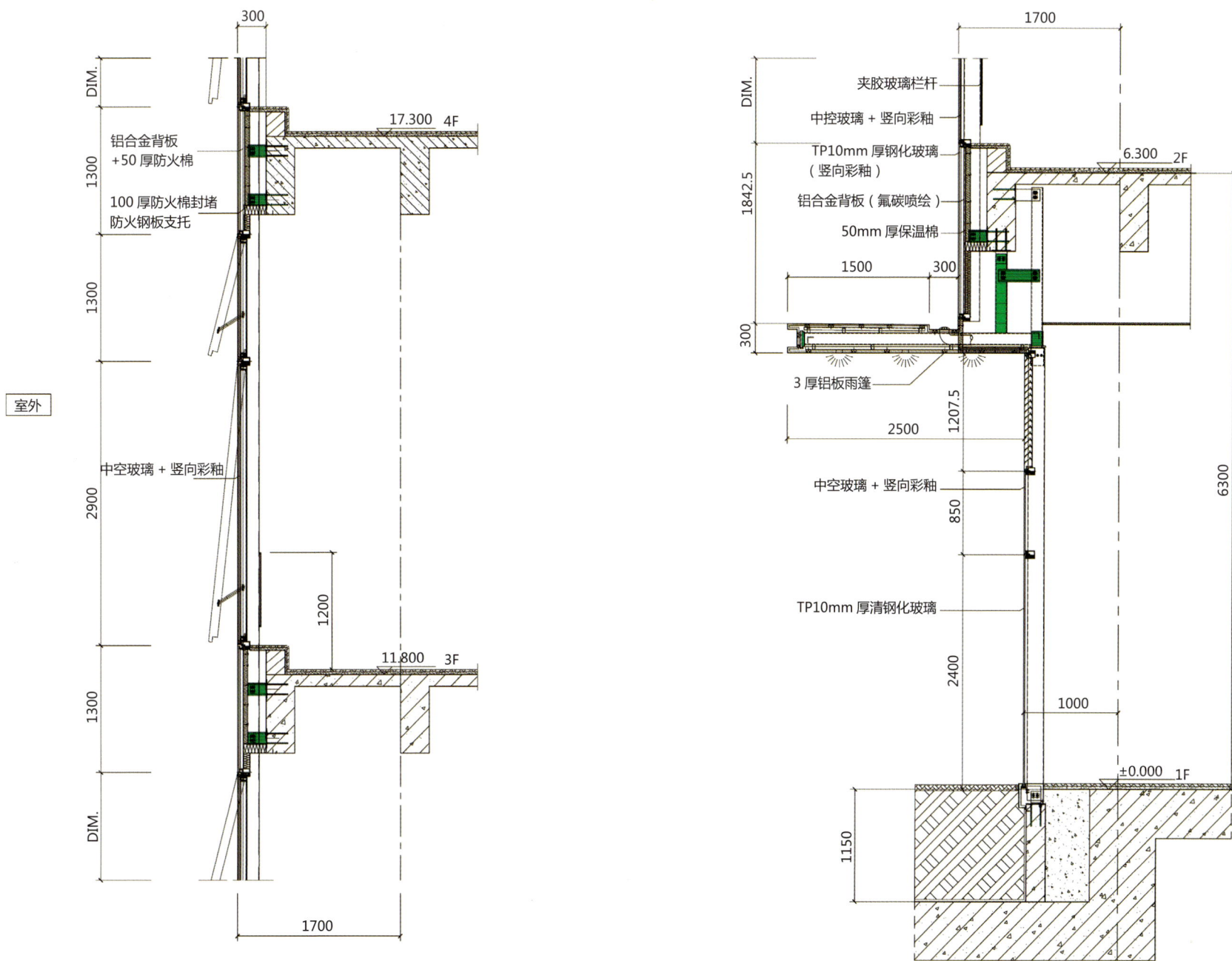

300

DIM.

17.300 4F

1300

铝合金背板
+50 厚防火棉

100 厚防火棉封堵
防火钢板支托

室外

1300

中空玻璃 + 竖向彩釉

2900

1200

11.800 3F

1300

DIM.

1700

1700

夹胶玻璃栏杆

中控玻璃 + 竖向彩釉

DIM.

TP10mm 厚钢化玻璃
（竖向彩釉）

6.300 2F

铝合金背板（氟碳喷绘）

1842.5

50mm 厚保温棉

1500   300

300

3 厚铝板雨篷

1207.5

2500

6300

中空玻璃 + 竖向彩釉

850

TP10mm 厚清钢化玻璃

2400

1000

±0.000 1F

1150

裙楼幕墙墙身详图

▶ 浅灰蓝色中空 Low-E 玻璃 + 竖向彩釉

▶ 使用部位：裙楼北面

东立面幕墙

幕墙细部构造

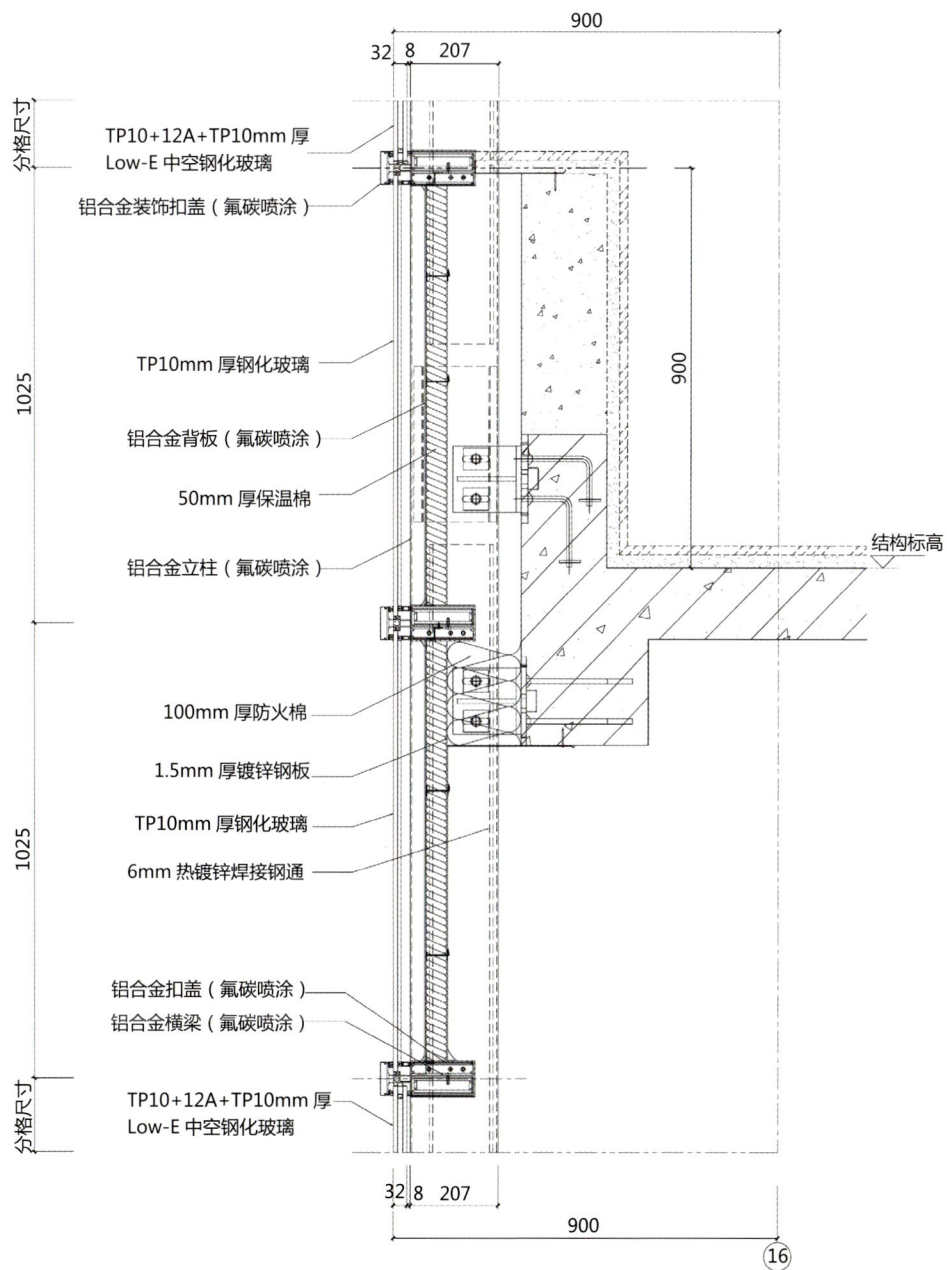

分格尺寸

900

32 8 207

TP10+12A+TP10mm 厚
Low-E 中空钢化玻璃

铝合金装饰扣盖（氟碳喷涂）

1025

900

TP10mm 厚钢化玻璃

铝合金背板（氟碳喷涂）

50mm 厚保温棉

铝合金立柱（氟碳喷涂）

结构标高

100mm 厚防火棉

1.5mm 厚镀锌钢板

TP10mm 厚钢化玻璃

6mm 热镀锌焊接钢通

1025

铝合金扣盖（氟碳喷涂）

铝合金横梁（氟碳喷涂）

TP10+12A+TP10mm 厚
Low-E 中空钢化玻璃

分格尺寸

32 8 207

900

⑯

塔楼幕墙详图

▶ 浅灰蓝色中空 Low-E 玻璃 + 竖向彩釉
▶ 使用部位：西塔楼东立面

西立面格栅

幕墙细部构造

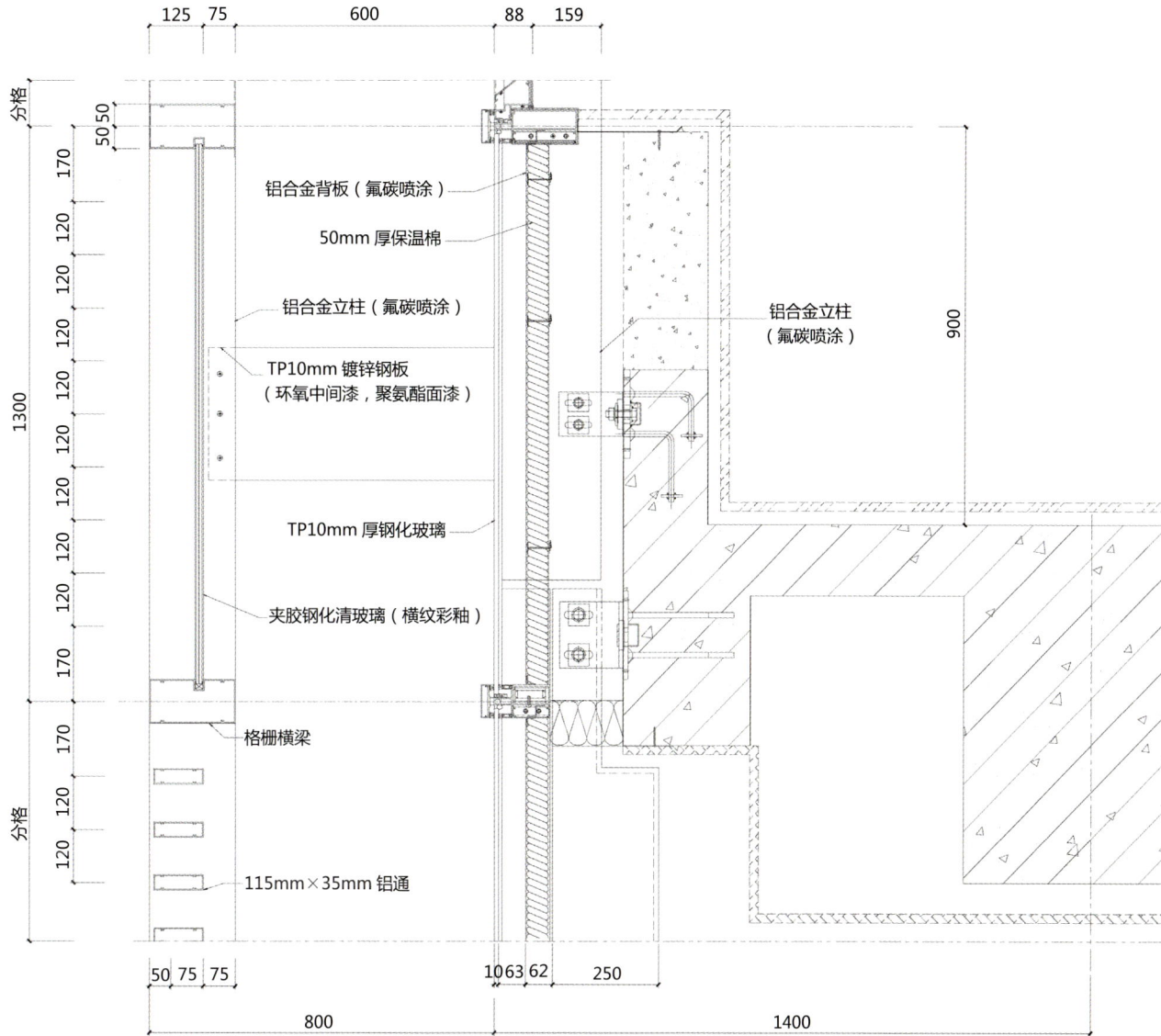

幕墙格栅详图

▶ 浅灰蓝色中空 Low-E 玻璃 + 外格栅
▶ 使用部位：西塔楼西立面、南立面

图中标注：

125 | 75 | 600 | 88 | 159

50 50
170
120
120
120
120
120
120
120
120
170
1300
分格

170
120
120
分格

铝合金背板（氟碳喷涂）
50mm 厚保温棉
铝合金立柱（氟碳喷涂）
铝合金立柱（氟碳喷涂）
TP10mm 镀锌钢板（环氧中间漆，聚氨酯面漆）
TP10mm 厚钢化玻璃
夹胶钢化清玻璃（横纹彩釉）
格栅横梁
115mm×35mm 铝通

900

50 | 75 | 75
800
10 63 62 | 250
1400

⑨

酒店雨篷

幕墙细部构造

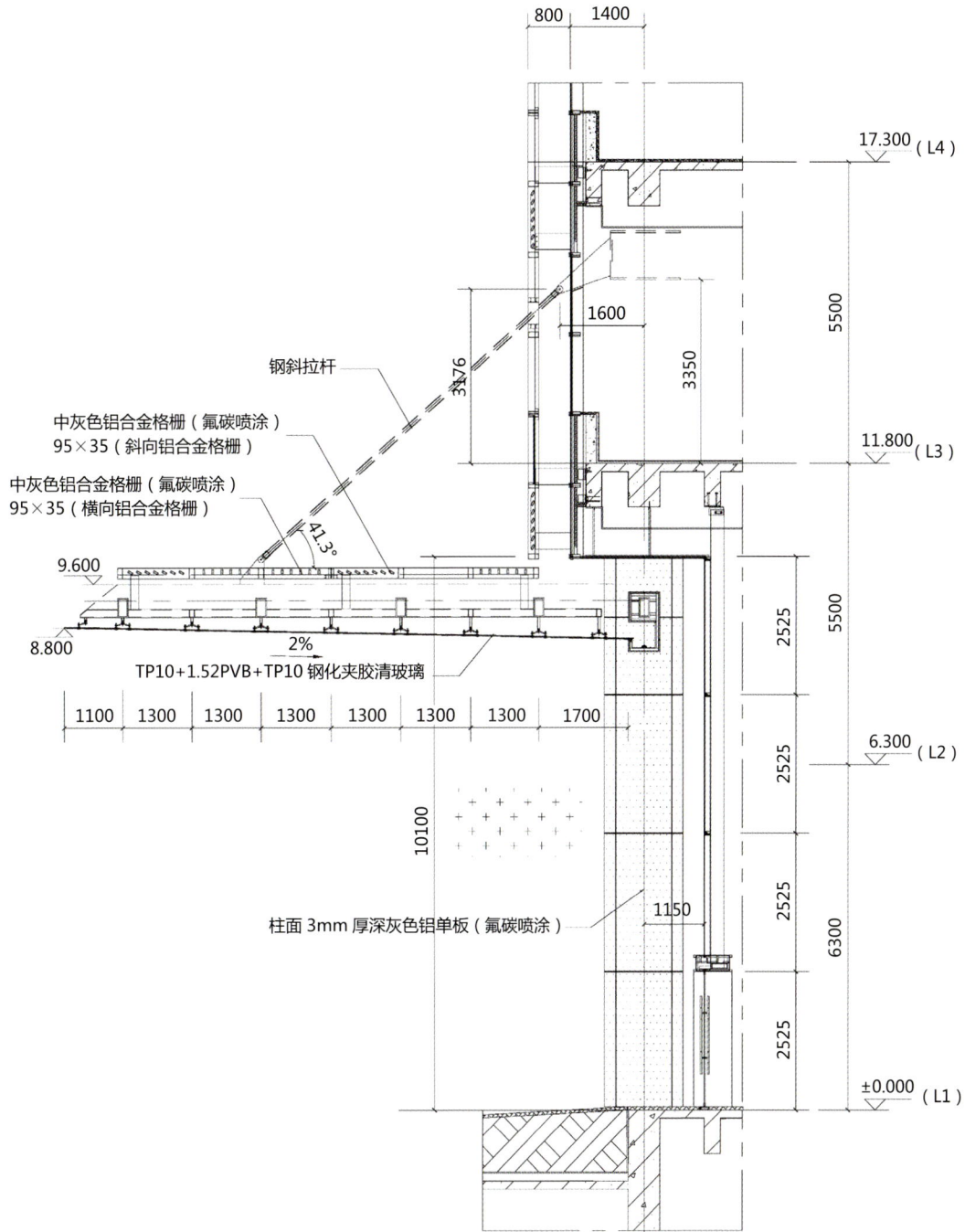

钢斜拉杆

中灰色铝合金格栅（氟碳喷涂）
95×35（斜向铝合金格栅）

中灰色铝合金格栅（氟碳喷涂）
95×35（横向铝合金格栅）

41.3°

9.600

8.800

2%

TP10+1.52PVB+TP10 钢化夹胶清玻璃

1100 | 1300 | 1300 | 1300 | 1300 | 1300 | 1300 | 1700

10100

柱面 3mm 厚深灰色铝单板（氟碳喷涂）

800 | 1400

17.300（L4）

5500

1600

3350

3476

11.800（L3）

5500

2525

2525

6.300（L2）

2525

1150

6300

2525

±0.000（L1）

酒店入口雨篷详图

▶夹胶玻璃＋顶格栅

▶使用部位：酒店雨篷

玻璃盒

幕墙细部构造

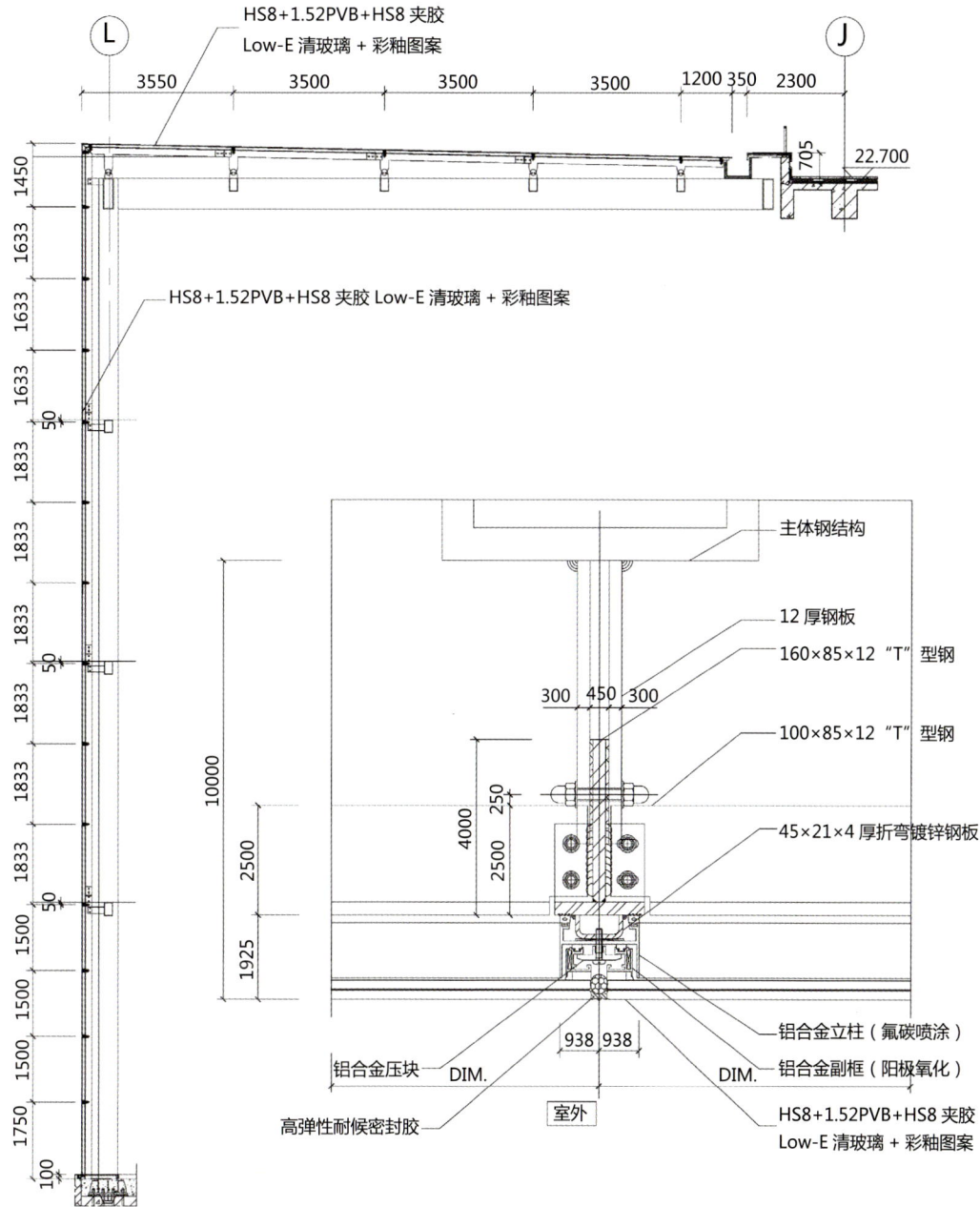

HS8+1.52PVB+HS8 夹胶
Low-E 清玻璃 + 彩釉图案

HS8+1.52PVB+HS8 夹胶 Low-E 清玻璃 + 彩釉图案

主体钢结构

12 厚钢板

160×85×12 "T" 型钢

100×85×12 "T" 型钢

45×21×4 厚折弯镀锌钢板

铝合金立柱（氟碳喷涂）

铝合金副框（阳极氧化）

HS8+1.52PVB+HS8 夹胶
Low-E 清玻璃 + 彩釉图案

铝合金压块

DIM.

高弹性耐候密封胶

室外

DIM.

玻璃盒幕墙详图

▶ 夹胶玻璃 + 顶格栅
▶ 使用部位：酒店雨篷

南立面局部

五层花园外景

南面局部外观

玻璃盒室内

东北角外观局部

五层花园外景

南海金融城包含有酒店、办公、商场、住宅四大模块，结合不同业态空间，塑造统一而独特的场所品质。

两两相扣的建筑构思，悬挑的酒店塔楼飞架在两栋写字楼之上，酒店建成后成为拥有230间客房，宴会厅、康体中心、游泳池等配备齐全的商务精品酒店。装修以简约艺术设计风格营造高雅、舒适、别致的生活空间，为现代品味商旅人士提供更具质感的入住享受。

商场空间则从功能性入手，遵从简洁明快、美观大方的设计原则，以衬托商铺为指导。

办公空间延续建筑外观的建筑语言，以黑白灰为色调，亮色饰品作衬托，以达到内外一致、形神兼备的高端品质。

住宅部分的设计遵循"以人为本"的理念，不仅注重了实用功能的完善，更在设计的色调、形式语言、材料选用上满足主人对高品质生活质量的需求，重点是营造具有归属感和温馨感的家庭气氛。

商场室内

酒店大堂

酒店电梯厅

金融城富豪酒店定位为四星级高端商务酒店，共设有 230 间客房，建筑面积 27214m²，为了获得最佳的景观和标志性，酒店除首层入口大堂和低层的宴会、餐饮以及商务会议功能外，其余功能均升至办公塔楼楼顶，居高临下，俯瞰商场屋顶花园小社区，北望公园，西望城市绿轴和西北绿化广场，南观伍胜河景。

酒店主入口设置在西南侧，从西广场进入首层到达大堂，两层通高的大堂空间配以靓丽装修，同时借助玻璃幕墙，在室内可欣赏到室外美景，使旅客有轻松愉快的感觉。

通过高速垂直电梯可到达 31 层，此层布置空中大堂、全日制餐厅、会议室、厨房等功能。土建采用 6.7m 层高，装修后净高 5.5m，使大堂空间显得气派，获得良好的空间效果。

康体中心位于酒店的 33 层，内设有健身中心、瑜伽房、桑拿房、迷你高尔夫球室、乒乓球室、美式桌球室、棋牌室、儿童天地，还有全城最高的户外天际游泳池，可尽览城市美景。34 ~ 39 层为客房层，位于建筑的上部，视野开阔，俯瞰金融城公园，提升酒店的档次。客房层设置行政套房、豪华房、标准房等不同档次的房型，满足不同需求。

餐饮区位于裙楼，通过首层、31 层的垂直电梯可直达。中餐厅布置在西塔 5、6 层，餐厅空间面向西广场，空间内部开放通透，视野良好。从 5 层电梯出来，由宴会前厅过渡到宴会厅，空间一收一放。宴会厅尺寸 27m×20m×6.5m 高，可容纳 500 人使用，宴会厅不设柱子，凸显整个空间的宽大。靠近五层平台花园的一面，设置玻璃幕墙，顾客可享受室外的景观绿化美景，也可走到室外平台花园憩息交流。

酒店入口

商务中心

休闲水吧

健身室

水疗

6层酒店客房
康体中心 / 机电
结构 / 避难层
酒店大堂

办公层

商业
酒店 / 办公大堂

酒店宴会厅
商业
酒店 / 宴会厅大堂

酒店转换电梯
转换酒店客流
转换电梯流线
酒店客房电梯流线

酒店房间（共6层）

泳池

空中花园

康体中心、客房 L33

空中大堂 L31

酒店餐饮 L5/L6

宴会厅

商场 L4

大堂中庭 L2
首层大堂 L1

酒店宴会流线
酒店住客流线

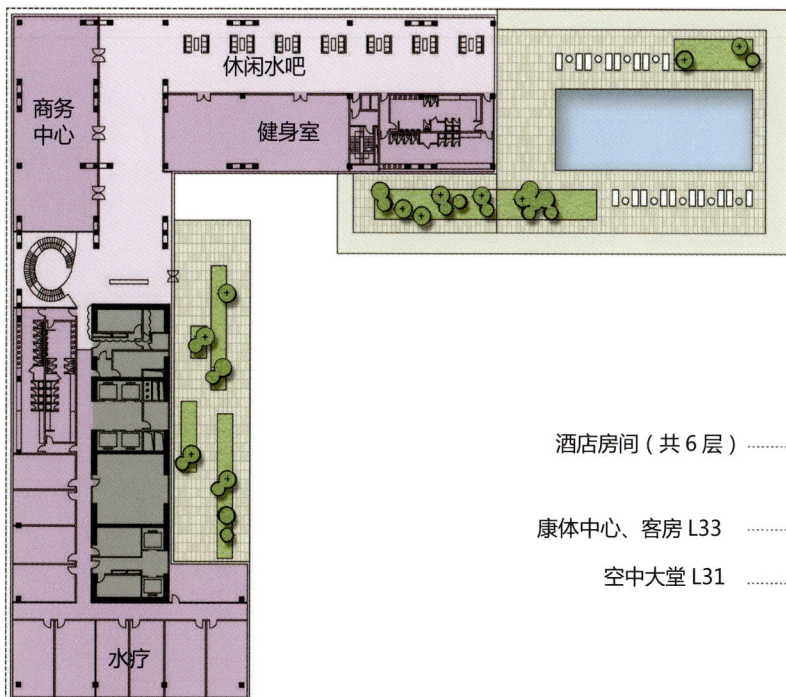

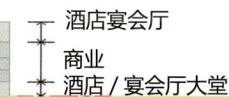

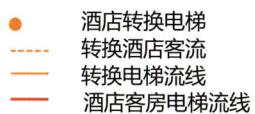

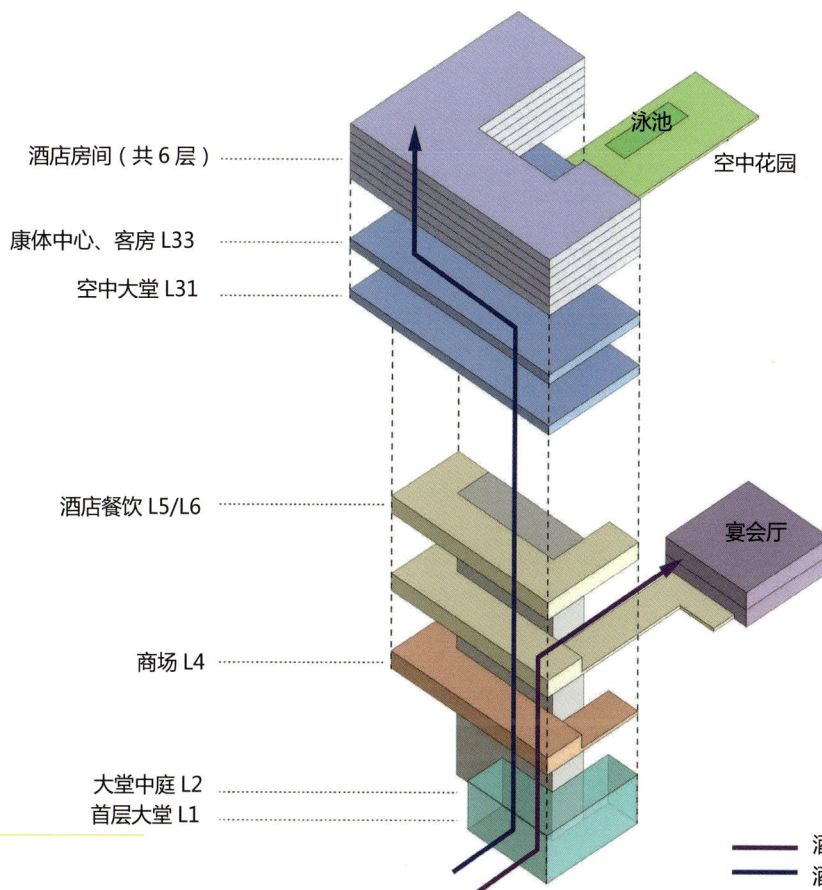

酒店功能分区图

酒店大堂

酒店空间

（1）酒店设计特点

材料与空间：

根据不同的酒店空间需求选择相应的材料，以营造出个性、雅致的酒店氛围。酒店大堂设计定位为精致豪华，结合其功能，选择了现代木纹大理石，其质地坚硬，耐磨性超强，色调一致，色差小，雅致的淡黄成为大堂的主调；其高强的光泽度、美观的花纹映照出精致的细节。

酒店客房追求一个轻松、明朗的气氛，于是柔软的地毯、极具自然之美的木饰面、安全环保的墙纸成为首选。

文脉的传承：

佛山著名的剪纸、陶艺、广彩等成就了佛山精粹的艺术特色。从陶艺到剪纸，从广彩到岭南建筑，每一个细节都传递着传统文化的气息，处处体现着佛山艺人的高超技艺。

酒店大堂墙面用艺术玻璃作载体，用光来演绎剪纸技艺，用现代装饰来表现传统文化的精髓。

酒店首层大堂

酒店空间

（2）酒店大堂空间

空间利用上，采用双大堂的空间形式。首层到达大堂与31层大堂各司其职，又相辅相成。首层到达大堂是酒店主入口，是室内与室外的过渡空间，主要用于接待宴会、商务会议及旅客，能有效地组织各种不同的人流，提高酒店的管理效率。休息区的设置可以为客人提供短暂的小憩及等候空间。31层大堂则主要以入住客户及休闲客户的接待为主，是对外服务的主窗口、经营中心和视觉中心。红酒吧、休息区的设置为客人提供休息、交谈或等候空间，也是酒店大堂另外一个重要功能区。

酒店大堂高雅宁静，抽象剪纸图案的艺术玻璃辅以灯光，与结构斜梁融合，富有形式感的木色通花隔断，搭配琴台，辅以流水，点铺绿色，余音袅袅，流水潺潺，高贵典雅。

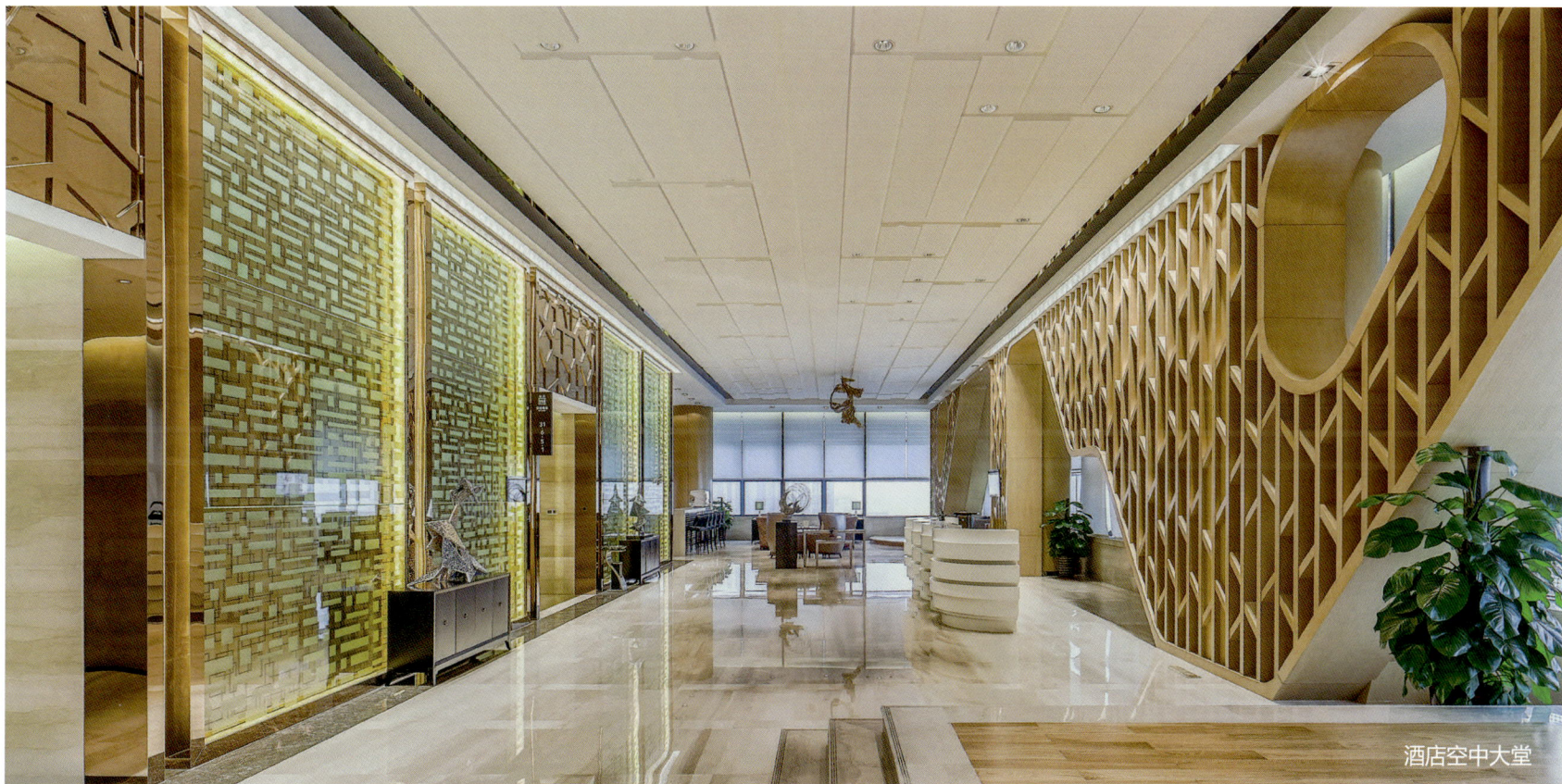

酒店空中大堂

酒店空中大堂前台

客房走廊

客房卫生间

套房客厅

酒店空间

（3）酒店客房空间

酒店设置多种房型，满足不同顾客的需求。为了营造和谐舒朗的氛围，给客人以高品质的入住享受，在灯光设计上，采用先暗后明的手法，客房走廊灯光设置稍暗，以保持静谧。客房内部则借助建筑的大型玻璃采光，来满足主要的光需求。人工补光上，以暖色为主，照度稍低，使人感觉安静、休闲甚至懒散。梳妆镜、床头阅读加以局部照明提供足够照度。洗手间灯光则以高色温为主，以显得清洁与爽净。装饰材料选择了柔软的地毯，以及线条曼妙且具自然之美的木饰面，结合灯光及装修细节，给客人以家的宁静、温馨、舒畅。

酒店客房

（4）酒店商务空间

　　商务空间分别设置在 6 层和 31 层，设有 12 人会议室及 16 人会议室，用活动隔断间隔，需要时即可两两合并为 24 人、32 人会议室。考虑到会议室安静、隐私性要求，部分会议室设置在 31 层偏隅一角，有独立的交通流线，远离喧嚣人群。为了防止噪声，地面铺设地毯，墙壁则用硬包墙纸，整体色调淡雅，给顾客一个可以安心的环境。

休息室

会议室

行政酒廊

健身房

空中大堂吧

酒店空间

（5）酒店休闲空间

　　休闲空间在 33 层，设有乒乓球室、桌球室、高尔夫球室等多种设施。考虑佛山的亚热带气候特点以及建筑的形态，将酒店游泳池设置在楼顶，兼顾游泳与日光浴。健身房、康体室与走廊间墙采用双层玻璃墙，使用埋地射灯来营造环境，既有效地解决了隔声问题，也方便外部的客人观赏到内部的设施，使人充分感受到健身房的活力。

游泳池

（6）餐饮空间

用现代设计手法表现中国传统装饰语言，提取传统中式建筑结构——藻井，用于天花上，加上水晶宫灯的重点照明，雅致中感受到一丝丝的中国味道。在墙面装饰上，中餐厅引入中国园林的空间规划形式，用玻璃来表达隔扇，利用艺术玻璃的特性，绘以火烧流云图案，中餐包间则以木饰面的隆起枝节暗喻中式建筑的镂空花窗，展现舒朗中式风情。

餐厅包房

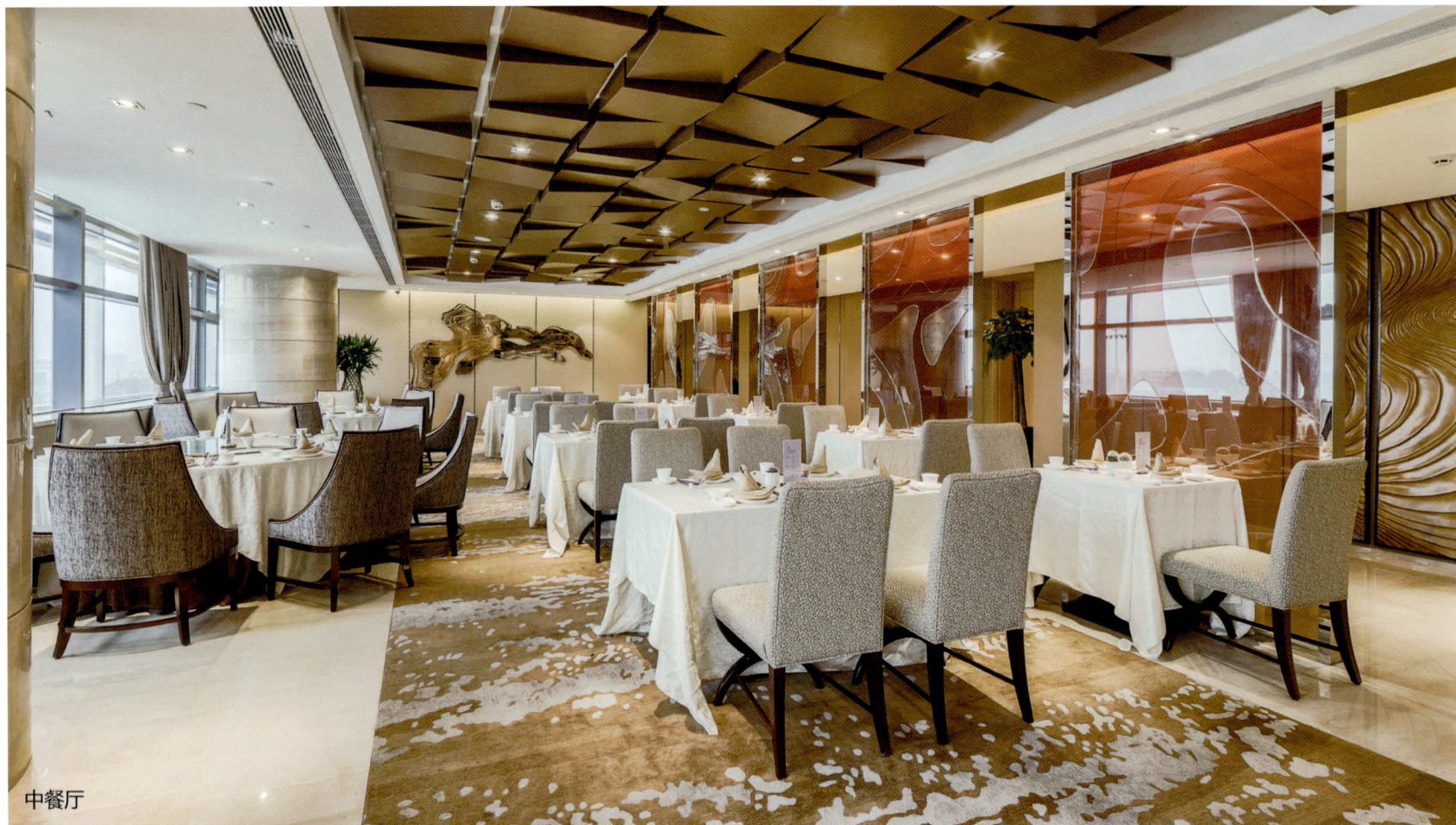

中餐厅

全日制餐厅

酒店空间

　　全日餐厅设置在 31 层酒店大堂北端，延续酒店大堂的装饰风格。开敞、明朗、雅致，给人以轻松愉快之感。白色大理石餐台，大面积的油画艺术玻璃，搭配皮革座椅，是"有机"与"无机"、"柔软"与"坚硬"的完美结合。

全日制餐厅

宴会厅位于5层，偏隅于架空平台，远离酒店塔楼，以避免宴会活动影响到其他区域。考虑到活动的多样性，没有把宴会厅设计成那种超喜庆热烈的风格，整个硬装以桦木蒙白饰面及红黄色扪皮奠定主色调，同色系的地毯让整个空间处于一种微喜庆的中性氛围中。大型水晶吊灯配置可调节灯光系统，追光系统可根据活动的需要营造出相应的活动氛围。

宴会厅

商场空间

商场位于物业裙楼，建筑面积为65633m²，一至四层设有天河城百货、商铺、餐饮空间。

在商场区域划分及人流动线组织上，以商场中庭为依据展开，主、次交通流线合理布置，顾客导向更为清晰，沿动线设置不同的商业分区以及配套设施，通过中庭、垂直交通引导客流，构筑一个从一层到顶层的有序的商业价值体系。

（1）西北角玻璃盒：

玻璃盒是商场的出入口，作为室内与室外空间的连接空间，将室外广场自然过渡至商业室内空间，颇具线条感的地花强调延伸感和柔和的视觉感，将消费者引导至室内，打破从室外空间进入室内空间的突兀感。

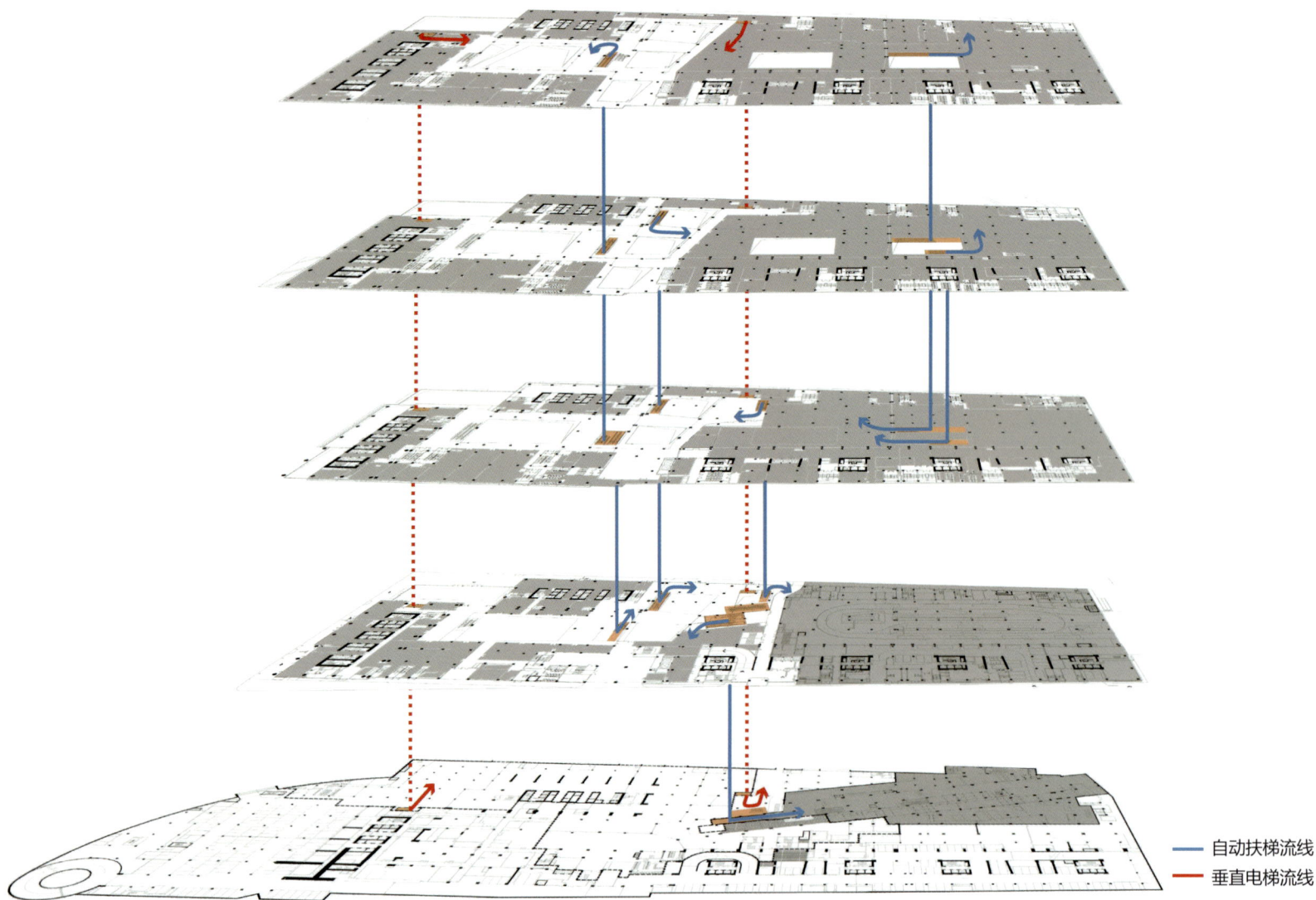

—— 自动扶梯流线
—— 垂直电梯流线

垂直动线图

商场入口大堂

一号中庭

商业空间

（2）一号中庭：

中庭作为人流动线中可停留及活动区域，也是作为展示活动的场景之一，以白色为底色，柔和的灯光及米黄色和浅棕色的线条感地花，从玻璃盒大堂延伸而来。中庭的玻璃栏杆打破传统概念中的透明空白感，活泼可爱的图案增添了趣味。四楼的中庭连廊不仅仅是一条通道，利用趣味性十足的活动展示，极大地扩大了观赏性及娱乐性，活动展示的空间亦可根据主题而更换，保持新鲜感。

（3）三号中庭：

三号中庭偏小，在商场业态规划中，该位置与餐饮区联通。设计上更希望将此空间的色彩更多留给餐饮的经营者们，如调色板般，调和"色香味"俱全的餐厅，营造一处让疲劳的顾客静心享受美食的环境。所以从设计上更多考虑让顾客视线落在玻璃顶棚外的蓝天白云，玻璃顶棚上则采用空间体积感不太强烈的装饰，在空灵安静中散落乐趣。

一号中庭连廊

办公空间

办公由西北塔两栋办公楼组成，分别位于西塔1层、7～30层；北塔1层、6～31层，沿着人流的动线，办公内部序列由此展开，在这巡行中，室内空间、内外关系可以充分得到感受。

经过宽阔的西广场和北广场，分别进入两栋塔楼首层大堂，通高两层的大堂，与平面两个水平方向组成体块室内空间，其比例关系与建筑外部的体块协调呼应，虚实相生。平面两边为实体墙面，另外两边是玻璃幕墙，室内空间与室外广场景观融为一体，在这里人们可获得良好的视觉感受；结合两层通高的大堂，使之显得大气，这是与甲级写字楼相般配的空间。

通过首层电梯大堂，可到达各办公楼层。办公标准层分为西塔、北塔，办公室空间围绕中间交通核心筒及两边走廊展开，办公室可分可合，租售灵活。结合建筑外观造型，15～18层、25～28层为办公连体层，利用空中玻璃盒将原来彼此孤立的两座办公塔楼连接在一起，可由同一单位同时租用两座塔楼的同一楼层，管理运作更加灵活。为办公室内带来丰富的空间，并且获得最佳的景观。同时玻璃盒上盖为空中绿化庭院，优化办公室景观的同时，体现环保和可持续发展。

办公首层大堂

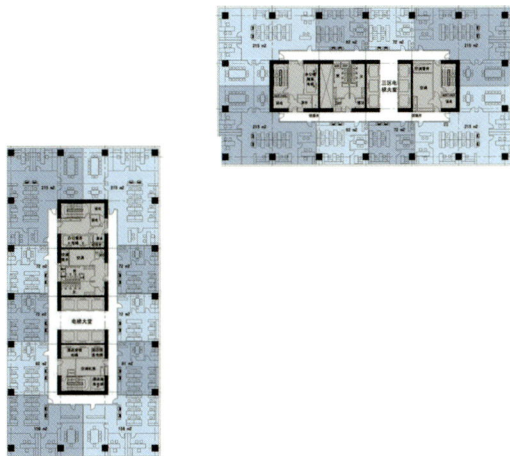

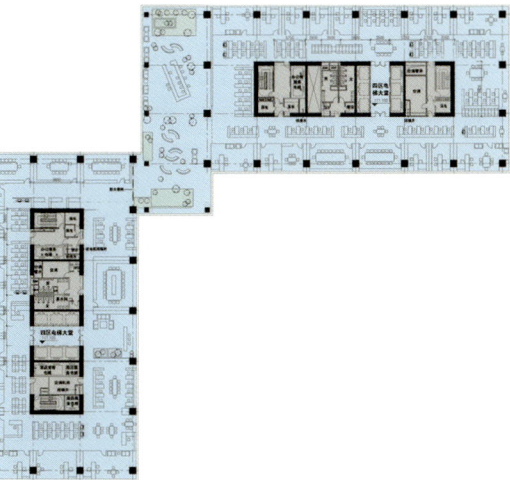

空中绿色中庭层

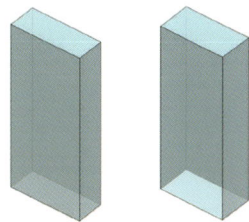

标准办公塔楼
两栋分开的塔楼平面

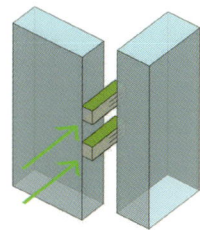

加入空中绿色中庭
连接两边塔楼平面

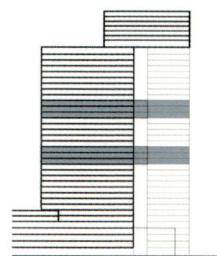

办公楼功能分析图

办公大堂

办公空间

（1）办公大堂装修

办公大堂是商务来访的第一个空间，是出入办公场地的必经之地，具有咨询、来访、与会、等候等服务功能。大堂的布局和风格是能给客人留下最深刻印象的部分，是办公空间体系的核心所在。

大堂装饰设计是办公空间设计的重点，采用多种设计手法，以创造氛围为目标，确定办公风格，营造优雅舒适的办公环境。从材料运用、色彩合理搭配、材质相互衬托呈现出来的是一种充满生机和活力的感觉，大面积的墙板一气呵成，不同种材料的画龙点睛，和谐的黑白灰变幻搭配，均让整个空间显得大气磅礴又不乏细腻效果，符合地铁上盖办公精品的定位。

空间利用上，采用西、北大堂的空间形式。主要以办公客户及来访客户的接待为主，是对外服务的主窗口、经营中心和视觉中心。

（2）电梯间

电梯间原本是闭塞昏暗的公共过道，简洁明了的东方玉与古堡灰拼接，使得电梯间不再让人感到压抑。横向的地面立体造型处理，细腻的思维和粗犷的手法，创造了重组与视觉冲击的空间感，最终达成和谐，满足了人们等候时卸下一切紧张以及办公后放松的美好幻想。

（3）办公走廊

办公走廊原本较为单调狭长，利用传统与现代的艺术造型碰撞融合，最终营造出变化多端、饱含趣味的空间，让人不再觉得沉闷，可暂时放下疲劳，顺着多元化的墙面，踏着舒适的地毯通往走廊的另一端。

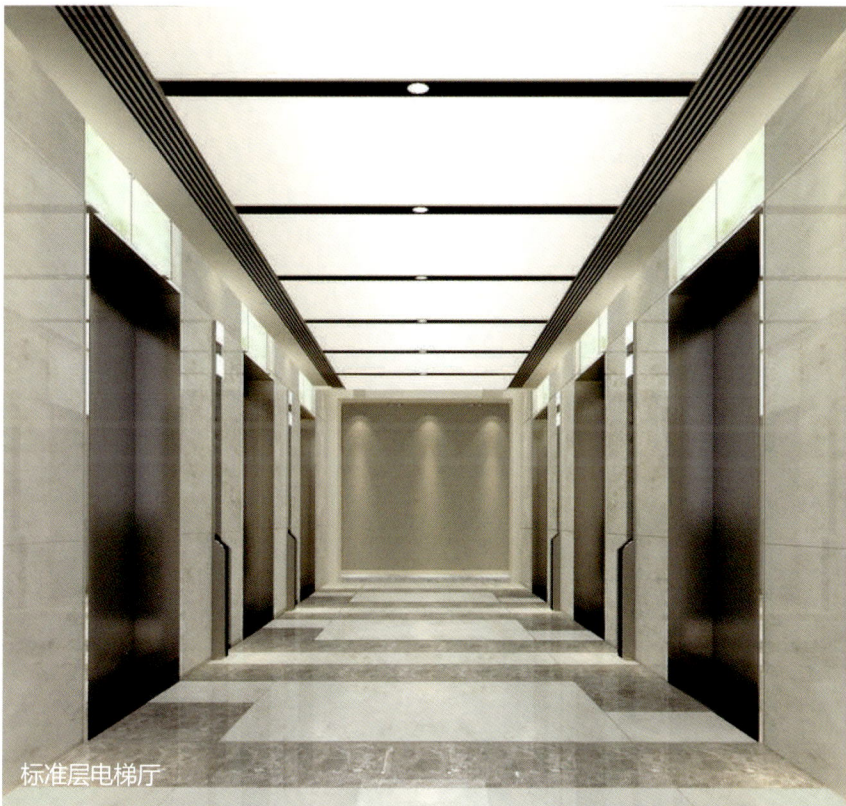

标准层电梯厅

办公走廊

住宅首层大堂

住宅空间

住宅由四栋塔楼组成，总建筑面积为 85855m²，共有 922 户。受限于 "90/70 住宅政策"，住宅大部分是小户型。住宅方案综合了规模、户型、消防等各因素，最终采用 "工字形" 平面，使较多的户型有南北通风对流，也解决了住宅消防登高面的问题。

秉承金融城建筑几何体块的概念，以线、面、块综合表现住宅公共空间，住宅室内主要是创造舒适宜人的空间和温馨的家庭气氛。住宅墙身以浅米色调的防潮乳胶漆，客厅及房间地面分别采用米黄色地砖和具有自然之美的木地板；公共走廊以色差稳定、模仿天然大理石肌理的米黄色瓷砖材料，满足主人对高品质生活质量的向往。

住宅电梯厅

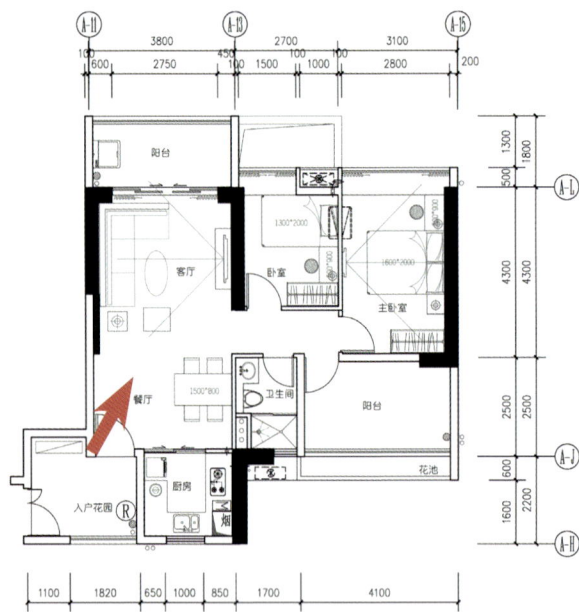

户型 A

建筑面积 : 90m²

样板房客厅效果图

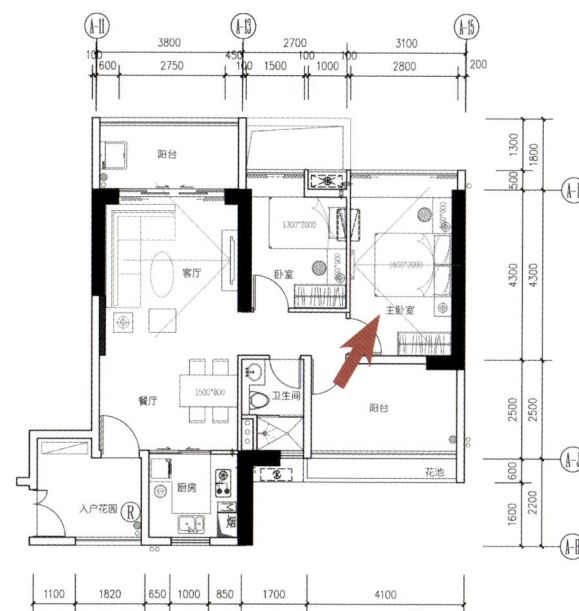

户型 A

建筑面积：90m²

样板房卧室效果图

南海金融城北邻金融城广场，按规划要求区内城市绿地功能提倡混合使用，广场景观设计承袭了"千帆竞渡"的概念，广阔纯净的镜面水池与起伏有序的商业绿街是广场氛围的表达主体。结合功能规划，金融广场设计可作三部分解读：东广场门户形象区，中段水乡商业休闲区，东广场集会活动区 Shopping mall 下沉广场。

南海金融城景观绿化作为金融城广场的一部分，需延续城市景观的脉络，与金融城广场整体设计。

金融城广场鸟瞰

金融城广场

延续城市景观脉络，描绘绿色之美

根据建筑使用功能打造一个活动多元、空间体验多变及充满活力的人气空间，强调多功能户外空间的联系。通过立体化景观环境营造，延展绿色基质，形成多层交错与衔接的绿化层次，满足高空角度俯瞰视觉效果，实现多维视线，营造多层次的景观环境，提供体现现代都市节奏和多样的空间体验——"都市垂直花园"。

（1）首层景观：流畅的地面广场，交通分流，功能衔接，快速通达。

北侧设置亲水商业步行街，是让人流连的休闲去处，这里的高档咖啡店、特色酒吧、休闲书吧、时尚精品廊、画廊以及艺展吧等，能吸引周围人群前来消遣赏玩。

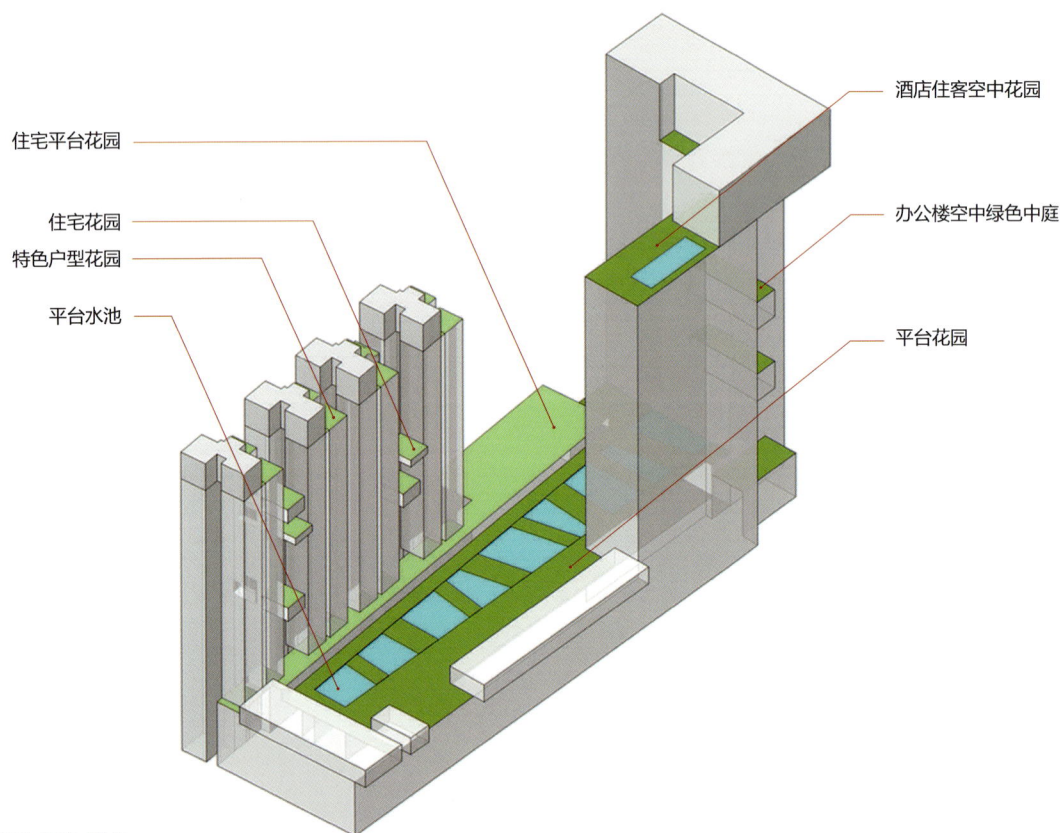

住宅平台花园

住宅花园

特色户型花园

平台水池

酒店住客空中花园

办公楼空中绿色中庭

平台花园

整体绿化概念

金融城广场鸟瞰

金融城广场景观

步行街实景

营造多层次的景观环境，提供多样空间体验

（2）五层景观：流动的半空庭院，多样功能，动静皆宜，休闲舒适。

裙楼五层室外空间在使用上分为两个区域，东面为住宅使用，西面为酒店使用，这两个区域在空间上连成一体。景观设计按整体考虑，强调生态化和参与性，使居民、顾客在丰富多彩的都市生活中最大限度地享受大自然的清新，同时又向小区住户提供足够的可供交流参与的社区活动空间。

东面布置一定的硬质景观、共享空间，配置儿童活动场、健身设施、休息座椅、露天木质活动平台，在此空间中，点、面的配置绿化，种植细叶棕竹、万年青、佛甲草等植物，为小区居民提供足够的休闲、交往、活动的场地，营造和谐、友善、温馨的人际关系氛围。

西面景观与东面绿化景观成为一体，也是室内宴会厅等功能用房的空间延续，在此布置了休闲平台、座椅，种植竹子、鸡蛋花等植物，酒店的顾客，可在室外花园休闲、赏景、交流。

五层花园景观

营造多层次的景观环境，提供多样空间体验

（3）33层景观：静谧的空中花园，私密独享，沉静气质，外向包容。

33层康体层室外绿化由西塔、北塔两部分组成，为酒店创造良好的室外环境，北塔绿化结合游泳池功能进行布置，设有泳池区与休闲区，配以木平台、石材铺装与绿化种植，人们可在此享受运动、休闲、交流。从平台往外看，可俯瞰金融广场公园，视野开阔，给人舒心的感受。如果说北塔的景观以动为主，西塔的景观则以静为主，这里种植绿化，结合地面铺装，创造安静、私密的环境。

游泳池实景

技术设计

工程概述

南海金融城地下室埋深部分为 11.5m，部分为 12.9m，地铁广佛线从东北至西南斜穿地下室，地铁底板埋深约为 −14.1m。裙楼为 4 层，局部 5 层，裙楼天面高度为 23.5m，局部 5 层的高度为 32m（主要为裙楼北侧商业与南侧宴会厅）。办公楼与酒店塔楼为 39 层，酒店悬挑部分为 7 层，建筑总高度为 169.26m，住宅塔楼在裙楼以上为 36 层，总高度为 141.8m。

地下室

地下室底板厚度为 800mm，采用无梁板，对于跨度较大部分，采用抗拔锚杆，在满足地下室抗浮要求的同时，减少地下室板跨度。地下室侧墙厚度为 500mm，局部为 600mm。

地下室负一层板作为超高层住宅的嵌固端，厚度为 200mm，地下室顶板为超高层办公及酒店、裙楼的嵌固端，厚度为 200mm。局部区域顶板覆土厚度为 400mm。

裙楼

地面结构不同部位间设置防震缝：住宅与裙楼间设置防震缝，住宅间设置一道防震缝，按多塔结构设计（带转换层）；办公楼与裙楼间设置防震缝，将塔楼与裙楼完全脱开。由于裙楼平面太长，且平面不规则，用防震缝将裙楼分为三个部分。

对于大跨度中庭屋面，采用型钢混凝土梁（约 20m 跨度）。对于跨结构单元的屋面梁、连廊等，支座一端采用刚接，另一端采用滑动支座，支座长度满足大震位移要求。

由于裙楼与地铁合建，地铁柱网与裙楼柱网不能完全对应，在首层存在托换。托换大梁沿地铁纵向布置，梁截面为 1800mm×1800mm，柱截面一般为 700mm×1000mm，梁宽大于柱宽，对梁柱节点进行专门设计。另外，为了保证被托换柱在首层完全嵌固，将地铁首层板厚设为 500mm，在与纵梁垂直方向设置暗梁，以分担另一方向的弯矩。

住宅

总高度为 141.8m，地面以上 41 层，1～4 层为商店，5 层为架空层，转换层设在第 5 层，转换层以上 35 层为住宅。塔楼高宽比为 5.2，核心筒高宽比为 15。4 栋住宅中间设置一道防震缝（1 至 5 层缝宽 150mm），形成两栋对称的双塔结构体系。为带转换层、多塔双重复杂高层建筑。转换层混凝土强度等级为 C40，采用主次梁转换形式，转换主梁尺寸主要为 1500mm×2000mm 型钢混凝土。对于框支柱，截面尺寸主要为 Φ800、Φ900 钢管混凝土柱，钢管壁厚 25mm，混凝土强度等级为 C60。

办公楼及酒店

非连体部位为钢筋混凝土梁、钢管混凝土柱框架 – 钢筋混凝土核心筒，L 形高位连体部位为巨型钢桁架 – 钢筋混凝土核心筒结构体系。北塔和西塔在 140m 以下为独立单塔，140m 以上通过 L 形连体连接，主要构件截面尺寸见下表。

办公楼及酒店结构主要构件截面尺寸

构件	材料及形状	截面尺寸（mm）
柱子（从下至上）	CEC（钢管混凝土柱）	Φ1200×20-Φ1200×35
墙（从下至上）	RC	800-300
梁	S	地上 35 层 - 顶层 框架梁 H600×400×16×35
	RC	地下 2 层 - 地上 35 层， 外围框架梁 600×800 楼面梁 500×700
板	标准层核心筒外	120 厚混凝土板
	底层楼层	150 厚混凝土板（首层板 200 厚）
	核心筒内部楼板	150 厚混凝土板

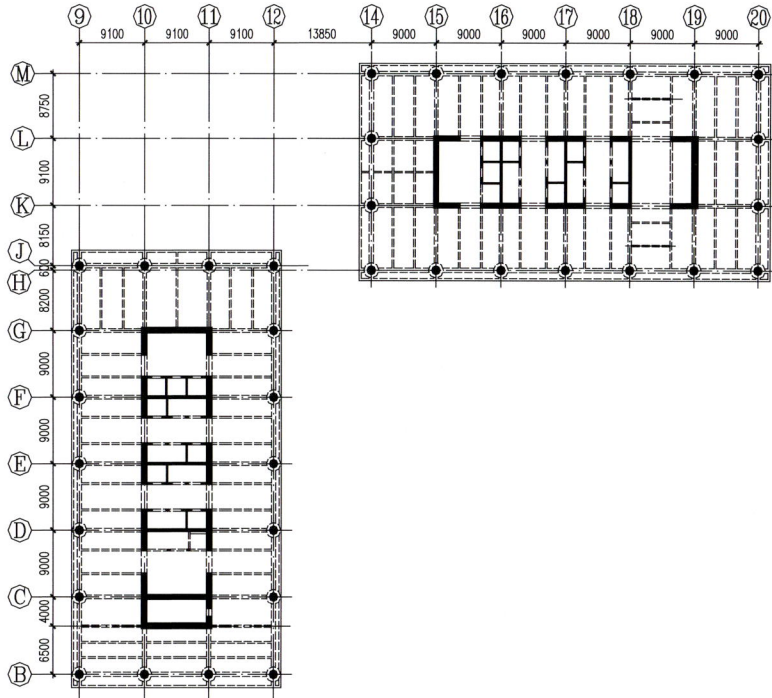

双塔标准层平面图

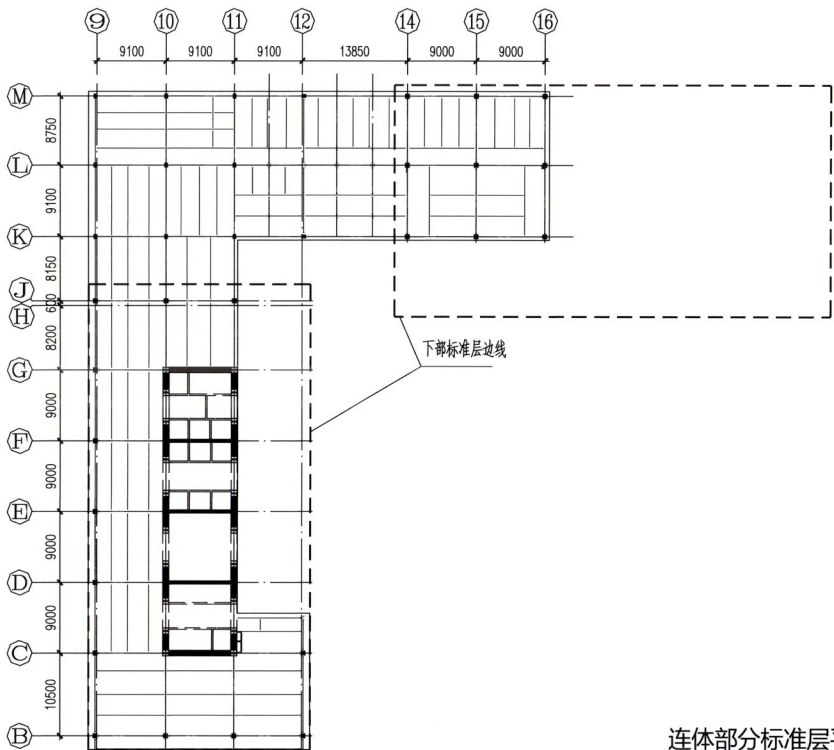

连体部分标准层平面图

下部标准层边线

（1）地铁车站的振动控制措施

南海金融城项目与地铁车站合建，地铁振动没有通过地层的隔振与衰减，振动会直接传递至上部建筑物，随着楼层的增加，振动虽然会逐渐衰减，但毕竟有限。地铁车站南侧即为地铁金融城项目住宅部分，住宅面积达85855m²，对地铁振动控制要求严格，经过比较，决定采用钢弹簧浮置板减振道床进行隔振。

对于减振道床的范围，考虑到列车进站时，速度有所下降，引起的噪声相对区间较低；同时，由于车站跨度大，故结构设计上采取措施难度较大（如设缝、将车站与物业脱开设计等），所以对车站部分，只采用了钢弹簧浮置板减振道床。

（2）地铁区间隧道部分的振动控制措施

除地铁车站外，还有约160m区间曲线隧道从地铁金融城项目地下室内部穿过。对于曲线段，车轮与轨道摩擦厉害，另外列车在区间的运行速度比进站和出站速度都要高，因此区间的噪声和振动比地铁车站要大。在此区间位置上方，170m高的办公楼和酒店横跨在区间隧道上，其中还包括办公楼和酒店核心筒的一角。

考虑到以上诸多因素，设计除采用钢弹簧浮置板减振道床外，区间隧道与南海金融城项目地下室采用了脱开设计的措施（区间隧道跨度小，有脱开设计的条件），使地铁振动在通过钢弹簧浮置板减振道床隔振后，先传至地基，通过地基的衰减和扩散后，再传至物业，更为有效地减少地铁的振动。隧道与物业间设置120mm厚的空隙，以保证各自侧壁的防水施工及隔振。脱开设计如图所示。

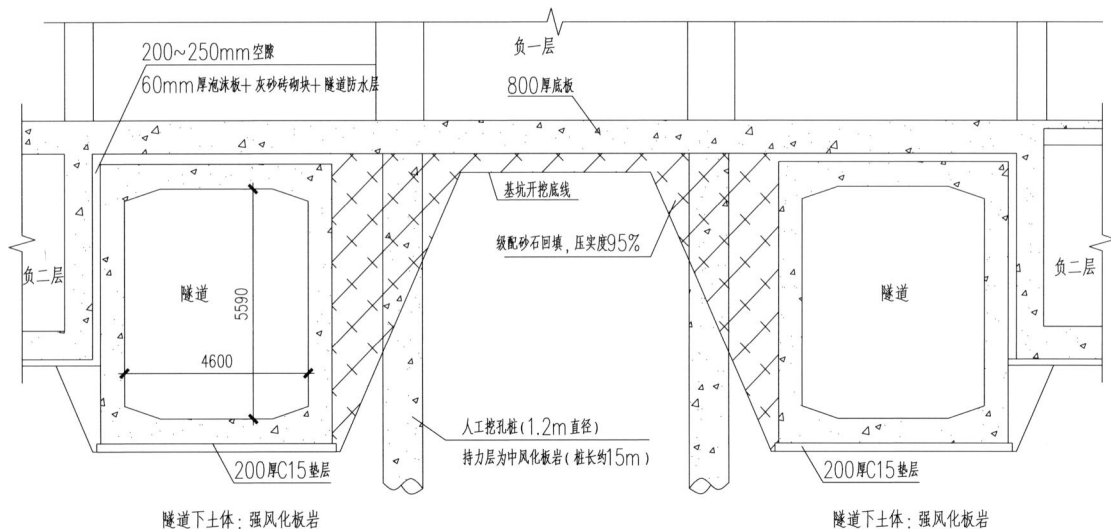

区间与物业脱开设计示意图

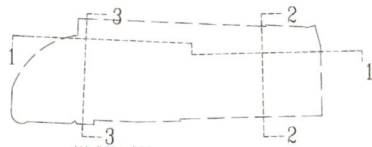

剖切位置示意图

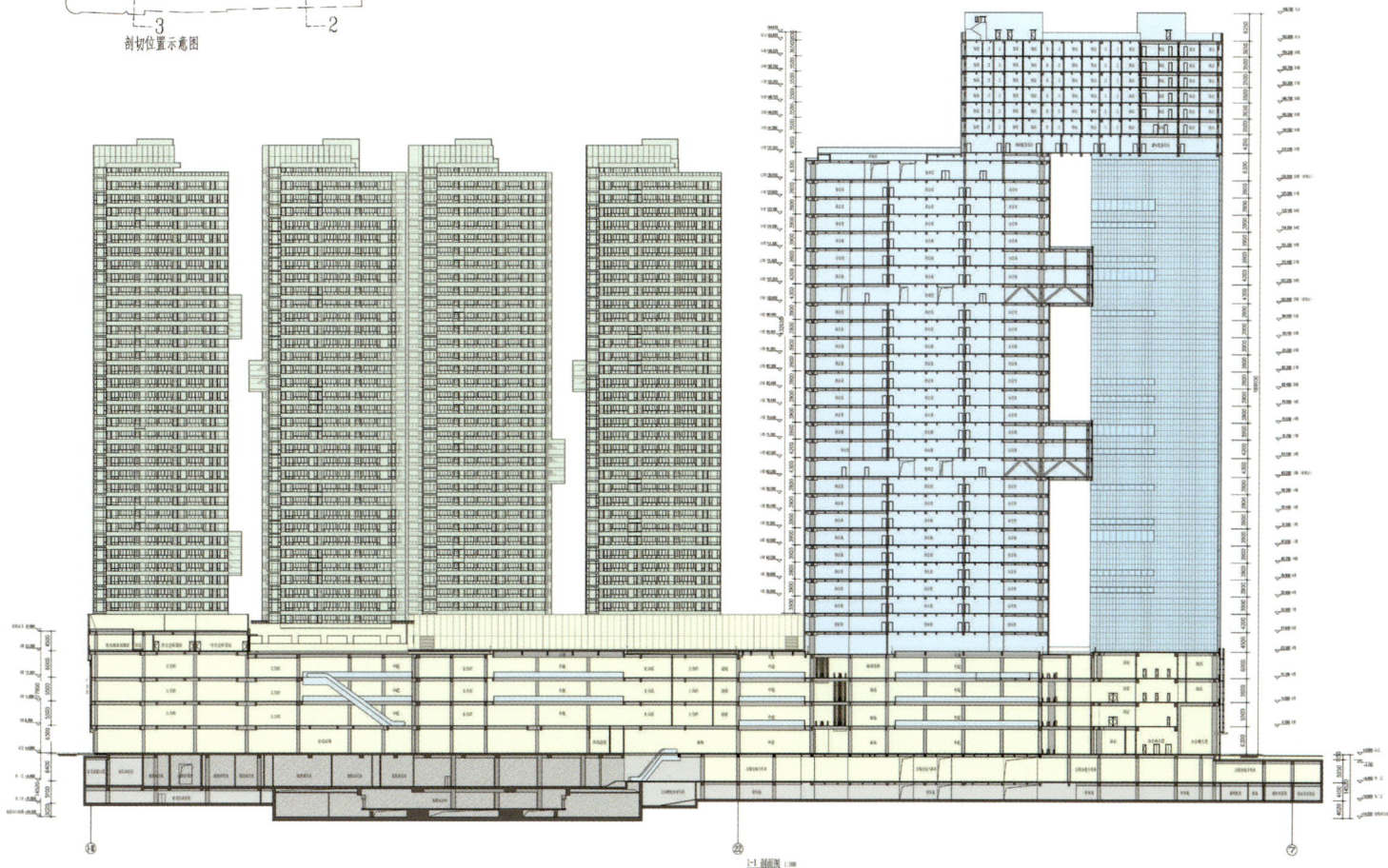

纵剖面图

减振构件图

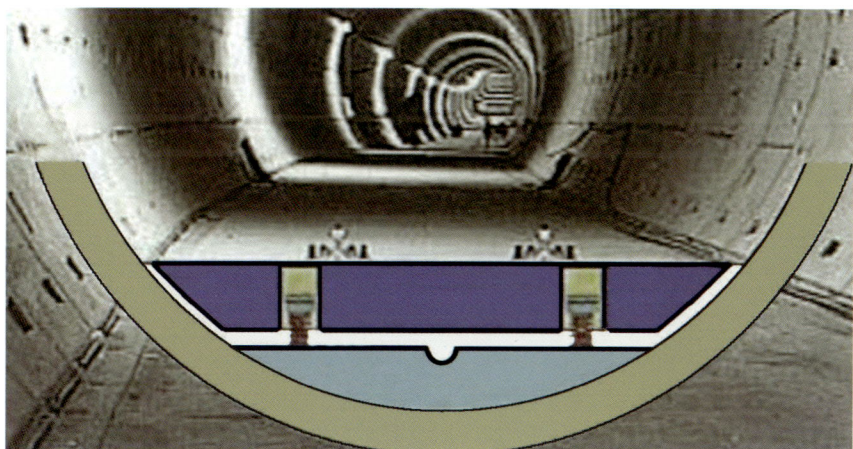

减振道床剖面

西北向外观

结构吊装的整体提升

钢连廊结构在 33 层（标高 137.04m）以上平面转换为钢结构体系和悬挑钢结构体系，在空中合拢为 L 形空间结构体系，共有 7 层。钢连廊结构的自身高度约为 25.65m，从结构标高 137.04m 开始，一直延伸到塔楼的屋面层，即 162.69m，由两栋平面上互相垂直的从主塔楼延伸的悬挑结构交错而成，其中北侧塔楼悬挑结构长度为 41.2m，西侧塔楼悬挑结构长度为 26m。整个悬挑连廊总重约 2500t，本次提升的总重量约为 1700t。

两个阳光房分别位于北塔办公楼的第 25 ～ 28 层（顶标高为 115.30m）及第 15 ～ 18 层（顶标高为 75.60m）。其主框架结构组成相同，竖横向轴线重合，长 34.8m，宽 11.0m，高 12.4m。提升部分的阳光房，单个重量约为 162t，合计总重约为 324t。

提升部分照片

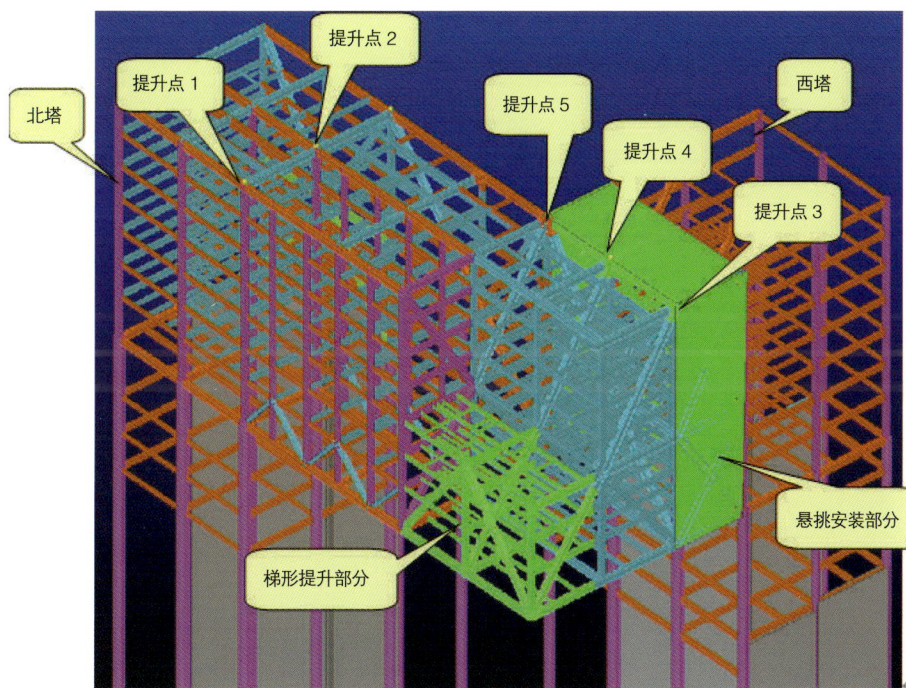

钢连廊整体提升三维模型

提升部分照片

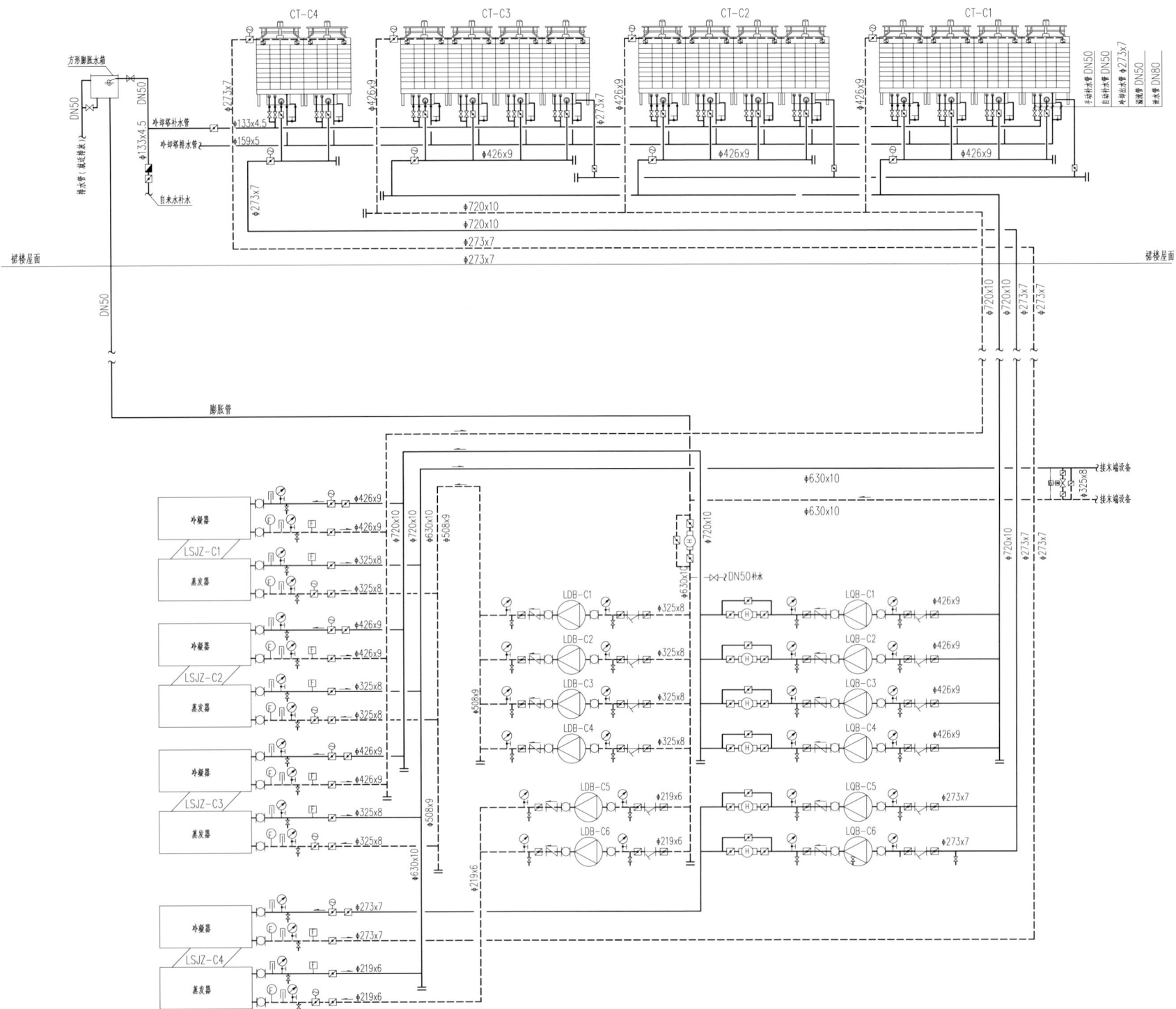

裙楼商业空调冷冻机房水系统原理图

方形膨胀水箱

冷却塔补水管
冷却塔补水管2
自来水补水

补水管（就近接入）
排水管（就近接入）

DN50
DN50
DN50
φ133x4.5
φ133x4.5
159x5
φ273x7

CT-C4
CT-C3
CT-C2
CT-C1

φ273x7
φ426x9
φ426x9
φ273x7
φ426x9
φ426x9
φ426x9
φ426x9
φ426x9

手动补水管 DN50
自动补水管 DN50
冷却出水管 φ273x7
溢流管 DN50
泄水管 DN80

φ720x10
φ720x10
φ273x7
φ273x7

裙楼屋面
裙楼屋面

DN50
膨胀管

φ720x10
φ720x10
φ273x7
φ273x7

φ630x10
接末端设备
φ325x8
接末端设备
φ630x10

冷凝器
LSJZ-C1
蒸发器
φ426x9
φ426x9
φ325x8
φ325x8

冷凝器
LSJZ-C2
蒸发器
φ426x9
φ426x9
φ325x8
φ325x8

冷凝器
LSJZ-C3
蒸发器
φ426x9
φ426x9
φ325x8
φ325x8

冷凝器
LSJZ-C4
蒸发器
φ273x7
φ273x7
φ219x6
φ219x6

φ720x10
φ720x10
φ630x10
φ508x9
φ508x9
φ630x10
φ219x6

φ720x10
φ630x10
DN50补水

LDB-C1
LDB-C2
LDB-C3
LDB-C4
LDB-C5
LDB-C6
φ325x8
φ325x8
φ325x8
φ325x8
φ219x6
φ219x6

LQB-C1
LQB-C2
LQB-C3
LQB-C4
LQB-C5
LQB-C6
φ426x9
φ426x9
φ426x9
φ426x9
φ273x7
φ273x7

φ720x10
φ273x7
φ273x7

暖通特点

（1）系统容量大、功能复杂，共设置有4个集中冷源。

（2）主机根据容量按大机＋小机配置，备用及调节性高，运行模式灵活且节能。

（3）商业空调采用大温差（7℃/14℃）冷冻水，可降低系统的输送能耗，减少管道、设备等的初投资。

（4）酒店空调主机采用热回收技术，回收空调废热制取生活热水，经济效益明显。

（5）裙楼商场多中庭组合，空调负荷大、送风集中，风量大，送风形式多样。

（6）办公区域新风利用空调排风预处理，空调系统设置臭氧发生器进行消毒净化处理，提高卫生标准。

（7）物业与地铁站结合，车站位于物业下方，地铁风亭、冷却塔结合物业融合布置。

酒店屋顶风冷热泵机组

裙楼屋顶冷却塔

地下室冷水机房

1. 给水系统

水量：最高日生活用水量 Q_d=3484.97m³/d，地上3层及以上生活给水采用加压供水，地下2层至2层生活给水由城市自来水水压直接供水。绿地给水由市政供给，设单独水表预留接口。

（1）住宅给水系统

住宅共4栋，每户设1只户用水表。地下生活泵房设于地下2层，最高日住宅生活用水量为1200m³，住宅生活给水竖向分为4个系统，每个区各设1套变频供水设备。

（2）办公楼给水系统

管网竖向分为3个供水区域：

① L6-L14为低区，水箱设于地下办公生活泵房内，设1套变频供水设备供低区办公用水，同时设2台转输泵（1用1备）向25层办公楼生活水箱供水。

② L15-L21为中区，利用L25层内生活水箱向下重力供水，该水箱设置于L25办公生活泵房内，该层生活水箱包括中区生活用水及高区转输水量。

③ L22-L31层为高区，由L25层生活泵房内变频供水设备供水。

（3）酒店给水系统

地下2层设酒店生活泵房，设置生活水箱1座，设置2台（1用1备）转输生活泵给25层酒店生活水箱补水。25层设置酒店生活泵房。

（4）商业给水系统

地下2层设商业生活泵房，设置生活水箱1座，根据商业最高日用水量（含餐厅及商业冷却塔补水）670m³的15%确定水箱容积为100m³，设置1套变频给水设备给裙楼3-5层商业用水加压。

（5）公建配套供水

配建的地铁派出所、公交站场、街道办事处办公等配建设施均位于裙楼3层以下。其供水直接由市政供水管接入，设置独立计量水表，利用市政压力直供。

2. 热水系统

热水24小时供应酒店和水疗房，采用机械全循环系统，采用全自动控制，热水设备设置于酒店天面。设计小时耗热量为204000kcal/h，采用4台空气热源泵供热，每台泵在环境温度10℃时的输出功率为54242kcal/h，设2台热水承压式热水罐，每台容积为10m³。设置辅热电热水器2台（DRE-52-36），每台容积200L，每台功率36kW。

3. 游泳池系统

泳池设于33层露天平台，为下沉式，水深为0.9～1.5m，容积为300m³，水池采用循环水处理系统，水处理设备房设置于33层，水过滤系统循环周期按5小时计。

游泳池水处理设备采用专用游泳池循环水处理成套设备，处理水量为60m³/h。

游泳池池水的水质经处理后应符合《游泳池池水水质卫生标准》的要求。

4. 排水系统

（1）生活污水、废水与雨水分流

污水量为给水量的90%（不包括绿化用水）。生活污水排至市政污水管道，进入城市污水处理厂。

（2）屋面雨水排放

设计降雨历时为5分钟。屋面设计重现期为10年，安全溢流口设计重现期50年。屋面径流系数为0.9。

塔楼屋面雨水采用重力雨水排水系统，屋面雨水由87型雨水斗收集。阳台排水与屋面雨水分开，设地漏接入立管。

裙楼顶设置虹吸雨水排水系统，设计暴雨重现期为10年，溢流系统设计重现期为50年。

5. 水消防系统

（1）室外消防给水管网

室外消防用水量为30L/s，室外采用消防用

泳池实景

水专用管道系统，两根市政给水引入管与本中心室外消防管网系统相连接。

（2）室外消火栓

室外设有地上式消火栓，其间距不超过120m，距道路边不大于2m，距建筑物外墙不小于5m。

（3）消防水池贮水量

消防水量由室外城市给水管网供水。室内消火栓消防用水量为40L/s、火灾延续时间按3小时计；自动喷水灭火系统消防用水量30L/s，火灾延续时间为1小时；大空间智能灭火系统消防用水量为30L/s，火灾延续时间为1小时。以上三个系统消防水量由地下室消防水池供给，室内消防水池有效容积为540m³。

（4）室内消火栓系统

①本中心最高建筑为Ⅰ类超高层建筑，按一处着火计算消防水量。

②消防泵房、水池及屋面消防水箱

整个中心消防给水系统按一个整体考虑，地下二层设置消防水池及加压泵房，15层设置消防转输水箱及消防接力泵房，酒店屋面设置一个18m³高位水箱，15层消防转输水箱兼作低区消火栓、自动喷水灭火及大空间智能灭火系统稳压水箱。

③消火栓系统

住宅消火栓系统分为高低2个区，6~16层为低区，利用地下二层消防泵房供水，17~41层为高区，利用办公楼15层消火栓接力泵供水，高低区单独成环。

④停车场、商业、办公、酒店消火栓给水系统

分成三个区，L15避难层以下为低区，L15~L33为高区，L34及以上（避难层及酒店）为超高区，每个系统均形成环状供水管网。

⑤屋顶消防水箱间

酒店顶层屋顶设消防水箱，贮存消防水量18m³。天面稳压设备间设2套消防稳压装置，分别供给本中心高区及超高区消火栓及喷淋系

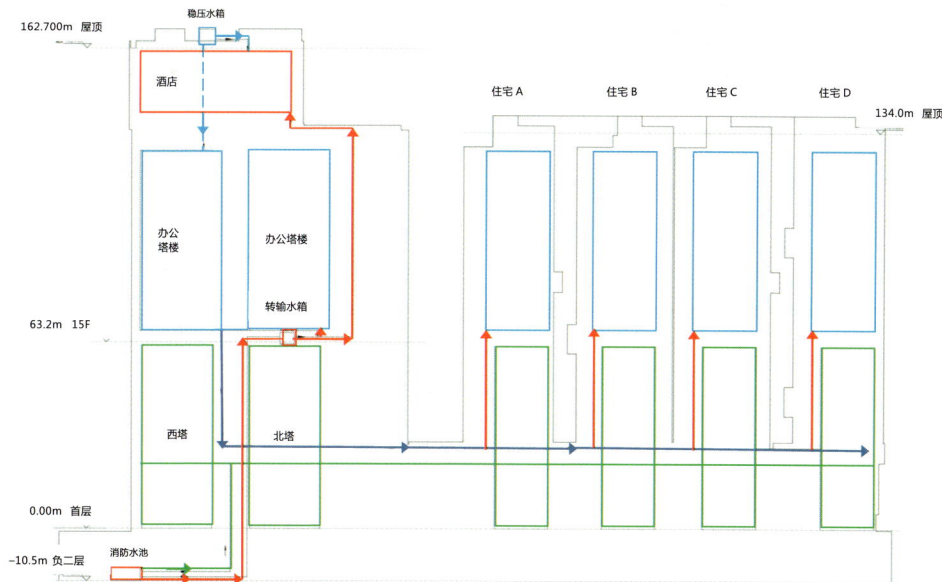

水消防系统原理图

统稳压。

⑥消防水泵接合器

消火栓系统高、低区各设3个室外消防水泵接合器，并在其附近15~40m范围内设室外消火栓。

（5）自动喷淋灭火系统

①住宅室内不设置自动喷水灭火系统，住宅楼公共区域设置自动喷水灭火系统，按中危险Ⅰ级。

②其他公共区域自动喷水灭火按中危险级Ⅱ级，超高层除建筑面积小于5m²的卫生间、不宜用水扑救的部位及无可燃物管道竖井不设自动喷水灭火喷头外，均设自动喷水灭火喷头。设计喷水强度8L/min·m²，作用面积160m²，系统最不利点喷头工作压力取0.1MPa，系统设计流量约30L/s。

6. 大空间智能灭火系统

①中庭大空间区域采用大空间智能型主动灭火系统，工作电压220V，射水流量5L/s，工作压力0.60MPa，保护半径25m，安装高度6~20m。

②系统全天候检测保护范围内的一切火情，

一旦发生火灾，探测器立即启动探测火源，在确定火源后水炮打开电磁阀并输出信号给联动柜，同时启动水泵使喷头喷水灭火。扑灭火源后，探测器再发出信号关闭电磁阀，喷头停止喷水。

自喷系统在湿式报警阀前分开。

③本系统水炮最大同时开启6个，消防水量为30L/s，加压水泵与自喷系统合用。

7. 建筑灭火器配置

（1）各层设置手提式磷酸胺干粉灭火器。

（2）住宅部分消防箱处设一组手提式灭火器，每组2具（MF/ABC3）；其他部分每个消防箱处均设一组手提式灭火器，每组2具（MF/ABC5），地下车库增加推车式泡沫灭火器。

（3）灭火器配制场所：除住宅部分按轻危险级设计外，其余按严重危险设计；地下室部分有消防箱的设于消防箱旁，首层及以上设于组合箱内。

8. 气体灭火系统

在地下层高低压配电室、变压器房等设置无管网式七氟丙烷灭火系统。

1. 供配电系统

南海金融城总装变容量为 29700kVA，按照功能划分为西区商业、东区商业、北塔办公、西塔办公 + 酒店、A1 及 A2 栋住宅、A3 及 A4 栋住宅 6 块区域，分别设置 6 个变配电所和 1 个联络开关站，位于负一层；在酒店 32 层设置一个分配电所，集中为酒店 33~40 层客房区域供电。

主要特点为变电所设置充分考虑使用的灵活性和降低电能损耗；采用经济实用的电源形式，提供系统可靠性；采用智能照明系统及 LED 光源，节约能源，降低运营成本；采用酒店客房控制系统，提高酒店管理，综合节能。

（1）供电电源和电压

按照一级负荷用户供电。由城市电力电网提供 4 路 10kV 电源至本项目设置的 B1、B3、B4 配电站及联络开关站，供电方案采用三供一备方式。

（2）应急电源

根据用电负荷对允许中断供电时间的不同要求，同时采用 UPS 不间断电源、EPS、柴油发电机等应急电源。

（3）供电系统

①变配电所具体设置情况、变压器设置及负荷统计详见下表。

②供配电系统主接线详见供电系统主接线图。各变配电所两台变压器为一组，低压配电系统均采用单母线分段运行，设置母联开关。平时分列运行，低压侧两台断路器和母联断路器之间设置机械、电气联锁。当变电所内一台变压器检修或故障时，另一台变压器承担全部一、二级负荷的用电。

③保护和计量：

高压进线及环网柜的继保整定值由供电部门根据实际运行情况设置。变压器出线柜设过流、速断、温度、零序保护。

计量方式采用高压计量，设专用高压计量柜，低压设专用计量小室。

④功率因数补偿：

各变配电所在变压器低压母线侧集中补偿，补偿容量不小于总补偿容量的 40%，补偿后变压器中压侧功率因数应不低于 0.9。

酒店电梯大堂

变压器设置及负荷统计表

变电所	设置位置	供电范围	设备容量（kW）	计算容量（kW）	变压器容量（kVA）	负载率
B1 变电所	地下一层中区	商业（裙楼/地下室）西区	2475.5	1668.55	2000	85%
			2297.5	1638.73	2000	84%
		商业（裙楼/地下室）冷水系统	1414	1272.6	2000	77%
			1457	1311.3	2000	79%
B2 变电所	地下一层中区	办公楼北塔	1938	1243.75	1600	79%
			1886	1313.45	1600	84%
B3 变电所	地下一层中区	酒店	1535	1032.8	1250	84%
			1492.5	987.95	1250	81%
		办公楼西塔	2585	1633.25	2000	78%
			2298	1524.05	2000	78%
		办公楼冷水系统	1232.5	1109.25	1600	83%
			1232.5	1109.25	1600	83%
B4 变电所	地下一层西区	商业（裙楼/地下室）东区	2198	1641.6	2000	84%
			2335	1680.75	2000	86%
B5 变电所	地下一层西区	住宅 A1、A2 及公用	1500	650	800	83%
			1472	650.8	800	83%
			700	556	800	71%
B6 变电所	地下一层西区	住宅 A3、A4 及公用	1489	631.65	800	81%
			1471	649.4	800	83%
			711.4	562.55	800	72%

（4）低压配电设计

①消防控制中心、消防电梯、消防水泵等大容量消防负荷采用放射式配电，且两回路于末端配电箱处自动切换。

②应急照明、防排烟风机、防火卷帘等小容量消防负荷按防火分区划分，分别采用双回路树干－放射式配电，且两回路电源于末端配电箱处自动切换。

③建筑物景观照明、生活泵、空调机组等大容量负荷分组采用放射式配电。

④正常照明、空调器、自动扶梯等负荷分别采用单回路树干式或树干－放射式配电。

2. 照明系统

（1）正常照明、值班照明、景观照明

商业、写字楼、酒店、住宅等区域的正常照明结合二次装修方案设计；景观照明结合广告照明、橱窗照明、城市街区照明整体设计，并突显其作为城市地标建筑的标志性。力求满足炫光限制及配光要求的国家相关标准，采用泛光照明、轮廓照明、内透光照明等多种方式。

（2）消防应急照明、疏散指示系统

火灾疏散照明设置场所：地下室车库的疏散走道、楼梯间；商业楼梯间、展厅、疏散走道；酒店楼梯间、疏散走道；办公楼梯间、疏散走道等场所。

（3）航空障碍照明

在酒店、住宅塔楼的顶部四周转角处分别设置障碍标志灯。

3. 防雷与接地系统

建筑物按二类防雷标准设计。采取防直击雷、防侧击雷、防雷电感应、防雷电波侵入、防雷击电磁脉冲、等电位联结等措施。

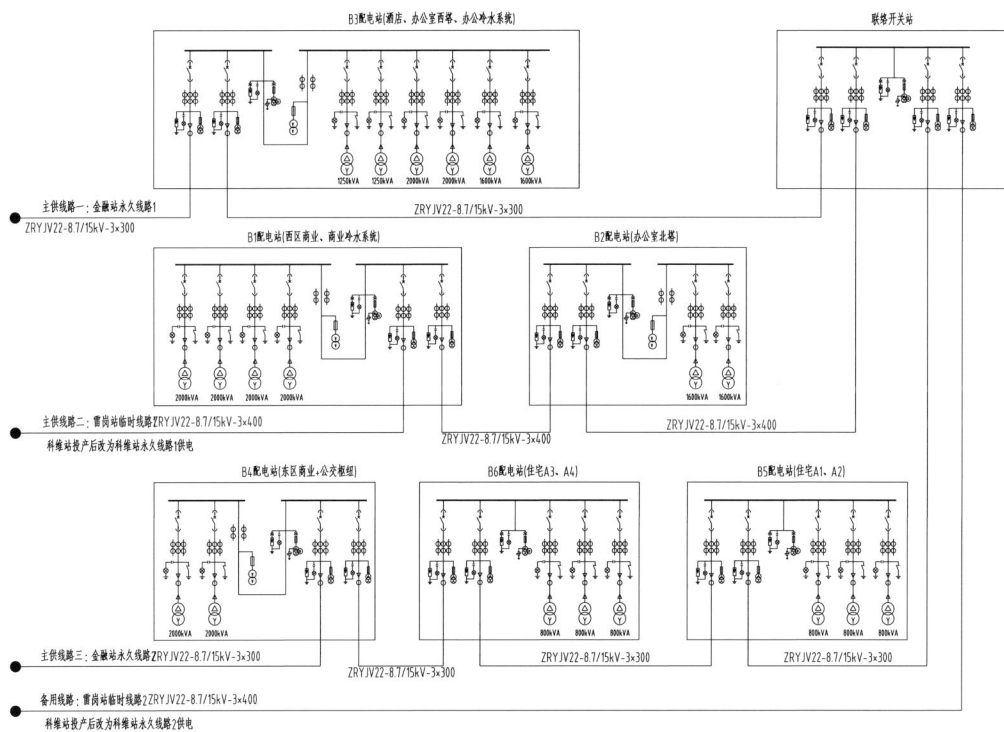

供电系统主接线

东南角局部实景

建筑智能化系统构成

建筑智能化系统由建筑设备管理系统、信息设施系统、信息化应用系统、公共安全系统、机房工程和智能化集成系统等构成。

（1）建筑设备管理系统包括建筑设备监控系统、客流分析系统、商业信息管理系统。

（2）信息设施系统包括通信接入系统、电话交换系统、信息网络系统、综合布线系统、室内移动通信覆盖系统、有线电视系统、公共广播系统、电子会议系统、信息导引及发布系统。

（3）信息化应用系统包括物业运营管理系统、公共服务管理系统、公共信息服务系统、智能卡应用系统和信息网络安全管理系统等其他业务功能所需要的应用系统。

（4）公共安全系统包括火灾自动报警系统、视频安防监控系统、访客对讲系统、入侵报警系统、出入口控制系统、电子巡更管理系统、停车场管理系统。

（5）机房工程内容包括机房配电及照明系统、机房空调、机房电源、防静电地板、防雷接地系统、机房环境监控系统和机房气体灭火系统等。

（6）智能化集成系统

①智能化集成系统具备和金融中心的各子系统进行数据通信、信息采集和综合处理的能力，系统集成将分散的、相互独立的子系统，用相同的运行环境，相同的软件界面进行集中和综合管理。

②智能化集成系统集成内容包括以下各智能化应用子系统：

- 建筑设备管理系统，包含以下的子系统：楼宇自动化控制系统；智能灯光控制系统。
- 安全技术防范系统，包含以下的子系统：
  视频安防监控系统；
  出入口控制系统；
  电子巡更管理系统；
  停车场管理系统。

- 智能配电监控系统；
- 火灾自动报警系统；
- 公共广播系统；
- 会议系统。
- 提供金融中心内智能化应用子系统间联动控制功能：
  安防报警与出入口控制、公共广播、停车场、机电设备的联动；
  火灾报警与出入口控制、公共广播、停车场、机电设备的联动；
  数字化物业管理信息与出入口控制、公共广播、停车场、机电设备的联动。
- 提供金融中心内智能化应用子系统间数据集成的功能：
  实时监控系统报警、故障、维修信息及数据的采集、备份、列表、查询、显示；
  实时监控系统间联动控制信息及数据的采集、备份、列表、查询、显示。

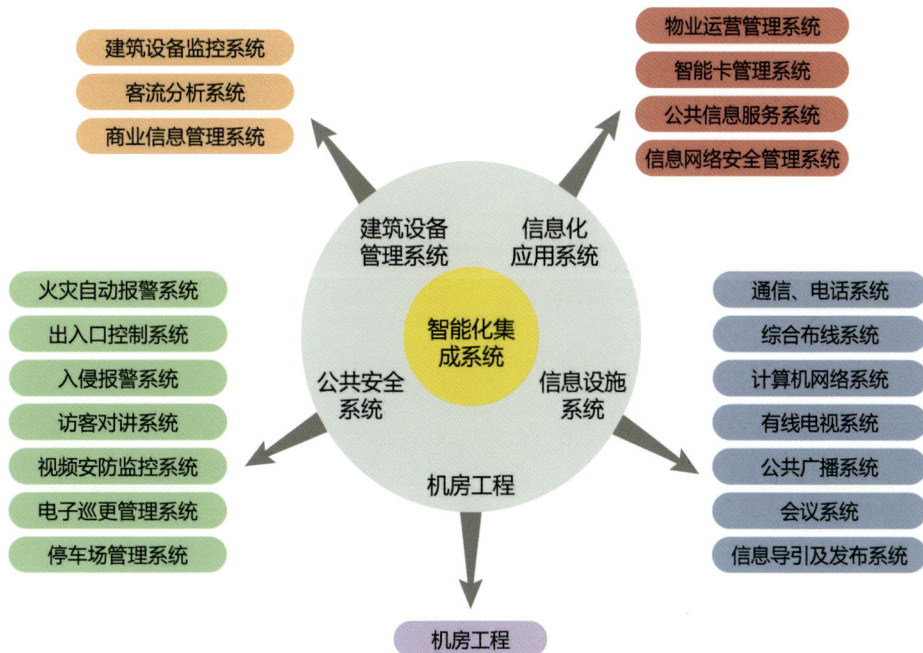

设计思考

南海金融城历时 7 年建设，2015 年全部完成并投入使用。地铁车站、区间嵌入物业内并同步建设，是国内首例地铁上盖物业综合体项目，面对项目的综合性、复杂性与广佛线同期建设的紧迫性，设计人员克服了重重困难，圆满完成整个设计任务，保证了工程建设目标完成。回顾整个设计，有些经验教训值得总结供今后借鉴。

1. 商业餐饮规模问题的思考

（1）对大型商业的餐饮规模调研工作不足

南海金融城商业规模及布局，主要是考虑商场以百货为主、餐饮为辅的业态构成，参考部分大型商业餐饮放在商场上部楼层的案例，同时结合天河城承租了东面大部分商业面积的情况，因此，把餐饮布置在商场四、五层，餐饮面积偏少，设计也没有灵活预留增加餐饮的烟道，给日后改造带来困难。

（2）设计需要前瞻性，应对需求的变化

从设计、建设、运营会经历几年时间，科技在发展，市场在不断变化，对于互联网电商发展的今天，传统百货受到冲击，因此，设计应多做市场调研，把握市场动态变化，以此为基础开展设计。灵活性是商场设计要素之一，设计上要处理好，如餐饮设置可考虑在裙楼二层及以上裙楼，不局限于设在商业上部楼层，同时消防分区按 3000m² 设置，同时满足商场

功能和餐饮功能。在适当位置设置几个面积较大的厨房烟道，满足环保要求，为日后餐饮规模调整创造灵活性。

2. 商业区集中餐饮厨房鲜风及排油烟井预留设置的思考

作为商业区厨房，一定要预留足够的排油烟道，且现在商业区业态调整频繁，有条件尽量多布置。结合目前商业综合体项目的实际使用情况，更多的人流集中在餐饮娱乐区，需要更多的餐饮面积。实际上很多已投入运营的项目也都在往这方面调整，餐饮需求越来越大，设计时要尽量预留足够的厨房排烟道，否则后期整改非常困难。

南海金融城由餐饮厨房需求引起的变更较多，从裙楼 2 层到 4 层均有增加厨房，整改工作量大。另外厨房排油烟量大，其补风一定要单独设置，不能直接从空调区补风，否则冷量损失大。根据相关技术标准，并结合厨房工艺设计及厂家资料，排油烟量初设时可按每 100m² 的厨房（操作区）面积 3 万~ 4 万 m³/h 的烟量预留烟道（风速控制在 12m/s 左右），烟道尽量采用土建风道内置钢板风管，排油烟口距周围建筑大于 30m，最小控制在 20m。厨房操作区域宜单独预留冷源。餐饮区空调负荷，根据相关手册资料一般在 250~ 300W/m²，从实际情况来看此标准偏低，特别是中餐厅，建

议按 350~ 400W/m² 预留末端设备，并最好预留加装分体空调或多联机的土建条件。

3. 各业态用电量配置

综合体用电量配置是否合理至关重要，过小不能满足各业态功能使用需求，过大则导致投资大幅增加。对不同功能建筑应熟悉了解其用电标准，合理预留电量。

（1）关于商场电量

由于其方案多变且不同方案下用电差异较大，因此在设计初期时应参考当时商场用电标准，尽可能按照较大标准考虑。

（2）关于住宅、办公电量

住宅、办公功能单一且稳定，因此仅根据当时当地平均用电标准考虑用电量即可。

（3）关于酒店电量

酒店功能复杂且广泛。设计初期应根据酒店的星级定位了解此等级酒店通常含有的功能要求（如健身活动区、洗浴区、KTV 房、酒吧休闲区、自助餐区、宴会厅等），以及每种功能需要的用电量标准。

另需结合管理者要求考虑增设一些系统控制，如大堂、宴会厅等公共区场所是否需要设置智能照明系统，客房内是否需设置酒店房控系统等。

西北角局部夜景

4. 招标概算编制的思考与建议

（1）招标概算询价需提供三个厂家报价有难度

按照招标编制管理办法，所有询价主材、设备都找三厂家询价在操作上有难度，厂家几次配合无果后不会再积极参与。设计院根据项目的难易程度、重要性分别处理。实际上规定不少于三家在实际操作中存在难度，招标概算编制也疲于应付。建议改为提供 1～3 个厂家的询价，具有灵活性，方便实际操作。

（2）部分招标内容建议业主自行组织开展

譬如 LOGO 导向标识、灯具招标、家具招标、厨房设备，这些内容很专业，属于建筑行业一小块市场。由设计院承担此部分专业跨度大也不专业。建议此块由业主自行招标，或业主直接委托专业公司招标。

（3）LOGO 导向标识、灯具招标、家具招标、厨房设备招标概算的建议

此部分内容我院一般找相关专业公司委托报价。对于此部分内容，90% 以上的子目没有定额可套用，属于专用设备。对方会对所有清单子目逐个填报，从而出具总价。

为此，建议此部分内容按专业公司提供报价作为拦标价依据即可，而无需将其中极个别子目再套用定额，或者某几个元器件再要求套用定额编制，使其复杂化。

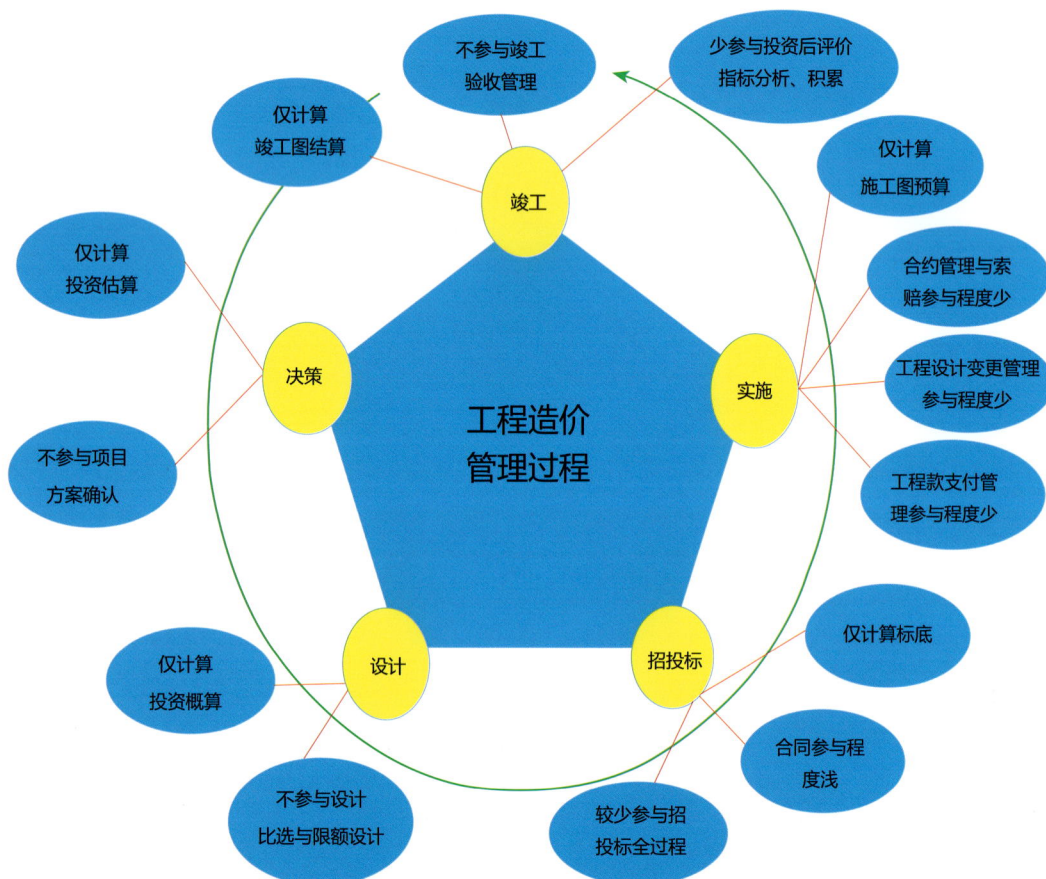

5. 关于大型项目设计接口管理

对于大型项目，接口管理至关重要。南海金融城这种大型、功能多样的综合建筑，注定接口比一般的民用工程更多、更复杂。主要有以下几个方面：

（1）专业划分更细致。除了常规的土建、机电专业，更有精装修、幕墙、园林、夜景照明、外电深化、LOGO、擦窗机等多项专项设计专业需一并协调。

（2）专业内分工更细致。由于工程规模较大，专业内也会出现多人协同工作的情况，对接口管理要求更高。

（3）施工分工更细。由于工期紧、规模大，施工也分为多个区域不同单位进行施工，由于机电系统的特性，难以一刀切，所以势必存在同一个系统要与不同施工单位协调，分清施工招标界面、协调施工之间关系的工作就非常重要了。

（4）更多设备单独招标，设备厂家、施工安装、设计之间的接口需要理清、完善。本类型项目的接口协调工作量非常大，若任何一个接口出现问题，都会对接口双方造成较大影响，所以科学有序的接口管理至关重要：

①按照客观需要，结合操作的便利程度，确定较优的专业分类，并尽量固定下来，确定哪些专项外包、哪些本院设计。以此为基础，清理专业间接口，形成接口的标准化文件。

②完善项目组内、专业内资料互提的标准，对文件命名、版本控制、修改标识形式、图层设置等进一步细化、固化。加强过程文件控制，如：每人建立"图纸修改记录档案"文件，记录因什么原因造成什么调整，可能造成其他设计人或专业什么变化。

③总结经验，固定施工、设备招标方式避免造成不必要的接口协调。

④加强接口管理意识，接口专业双方在提资时要特别注意细节的沟通与解释，实现真正的理解并建立共识，本专业调整时可能对哪些专业有影响要做到心中有数。

⑤制定标准图集，同时尽可能减少出图版本。

⑥为进一步提高图纸质量，精化、细化图纸表达内容，除应有符合设计周期的时间外，采取标准化设计能有效提高设计效率。出图版本建议尽量精简，减少出图版次，用出图的事物性工作时间替换对图纸的核查时间，提高出图质量。

幕墙格栅

大事记

2008.12 设计竞赛方案中标
2009.06 设计方案深化
2009.08 超限设计审查
2009.08 初步设计审查
2009.12 总平面批复
2010.04 单体报建批复
2010.04 人防审查批复
2010.09 公交站场竣工验收
2011.01 消防报建批复
2011.06 施工图审查批复
2013.08 单体报建调整审批
2013.12 住宅竣工验收
2014.08 总平面调整批复
2014.07 地下室、裙楼竣工验收
2015.01 办公楼竣工验收
2015.10 酒店装修竣工验收